MikroComputer-Praxis

Herausgegeben von
Dr. L. H. Klingen, Bonn, Prof. Dr. K. Menzel, Schwäbisch Gmünd
und Prof. Dr. W. Stucky, Karlsruhe

Elementare Methoden der Kombinatorik
Abzählen – Aufzählen – Optimieren

Mit Programmbeispielen in ELAN

Von
Dr. Rainer Danckwerts, Bielefeld
Dr. Dankwart Vogel, Bielefeld
und Klaus Bovermann, Bielefeld

Wissenschaftliche Leitung
Prof. Dr. Walter Deuber, Bielefeld
Prof. Roland Stowasser, Berlin

 B. G. Teubner Stuttgart 1985

CIP-Kurztitelaufnahme der Deutschen Bibliothek

Danckwerts, Rainer:
Elementare Methoden der Kombinatorik : abzählen —
aufzählen — optimieren ; mit Programmbeispielen in
ELAN / von Rainer Danckwerts, Dankwart Vogel u.
Klaus Bovermann. Wiss. Leitung Walter Deuber ;
Roland Stowasser. — Stuttgart : Teubner, 1985.
  (MikroComputer-Praxis)
  ISBN 3-519-02529-9

NE: Vogel, Dankwart:; Bovermann, Klaus:

Printed in Germany
Gesamtherstellung: Beltz Offsetdruck, Hemsbach/Bergstraße
Umschlaggestaltung: M. Koch, Reutlingen

Vorwort

Die Kombinatorik als eigenständige mathematische Disziplin ist recht jung. Anders als die Geometrie, die im Altertum für die Landvermessung im Niltal lebensnotwendig war, erscheinen eigenständige kombinatorische Untersuchungen erst viel später. Euler und Bernoulli lösten mittels analytischer Methoden Abzählprobleme (z.B. Geldwechselprobleme), die in natürlicher Weise in der damals entstehenden Wahrscheinlichkeitsrechnung vorkamen.

In der ersten Hälfte unseres Jahrhunderts wurden verstärkt algebraische und graphentheoretische Methoden entwickelt. So zählte z.B. Polya die Anzahl der Alkohol – Moleküle. Dank dieser neuen Ansätze verschoben sich die Untersuchungen weg von der reinen Abzählung von Objekten. Vielmehr weitete sich die Kombinatorik zu der Untersuchung der endlichen Strukturen aus. Die Existenz gewisser endlicher Konfigurationen war von Interesse, wie z.B. die von Gewinnstrategien bei Nim – Spielen. Dabei traten zusätzlich Auflistungs – und Optimierungsprobleme auf. Das Problem, einen kürzesten Weg vom Start zum Ziel durch ein Netzwerk zu finden, ist ein typisches Optimierungsbeispiel.

Die bei diesen Problemen anfallenden großen Datenmengen konnten erst mit Hilfe von Rechnern richtig verarbeitet werden. Der Einsatz von Rechenanlagen ermöglichte aber nicht nur die Handhabung umfänglichen Datenmaterials. Er erforderte vielmehr ein neues Verständnis der "Lösung" eines Problems. Statt einer Formel war nun ein Algorithmus gefragt.

Der Leser wird in diesem Buch liebevoll aufgefordert, an konkreten Beispielen die Lösung kombinatorischer Probleme mitzuerleben. Die Sprache ist möglichst untechnisch gewählt und die Probleme als denkbare "Alltagsprobleme" formuliert. Neben der Erarbeitung von elementaren Methoden wird besonderer Wert auf algorithmische Lösung gelegt. Herr Bovermann hat zusätzlich einige Programme erstellt, welche dem jungen Computerenthusiasten den Einstieg erleichtern.

Das Buch ist aus erfreulich ergiebigen Diskussionen zwischen den Autoren und uns entstanden, und es wurde mehrfach erprobt.

Die Herren M. Goerke und T. Sillke haben bei der Endredaktion, Frau Bovermann bei der Erstellung der Grafiken in dankenswerter Weise mitgearbeitet.

Bielefeld und Berlin, Mai 1985

Walter Deuber
Roland Stowasser

Hinweise für den Leser

Die *Aufgaben* bilden einen Schwerpunkt, die im Anschluß an jeden Aufgabenteil gegebenen *Hinweise* sollen ihre Bearbeitung erleichtern. Dem dienen auch die ausführlichen *Lösungen* am Ende des Buches. Schwierigere Aufgaben sind mit einem Sternchen versehen.

Im *mathematischen Leitfaden* findet sich eine knappe Zusammenfassung unter eher systematischen Gesichtspunkten; die Gliederung folgt dem Aufbau des Buches. Er eignet sich zum Nachschlagen oder ergänzenden Studium.

Und nun: viel Spaß bei der Lektüre und beim Lösen der Aufgaben! Wir würden uns freuen, wenn Sie uns Ihre Kritik und Ihre Verbesserungsvorschläge wissen lassen.

Postskriptum

Die Druckvorlage für dieses Buch entstand am Rechenzentrum der Universität Bielefeld auf dem EUMEL – System; die Autoren danken für das freundliche Entgegenkommen und die tatkräftige Unterstützung.

Die Grafik auf dem Buchdeckel zeigt das Pascalsche Dreieck modulo 2 (die Nullen stehen also für gerade, die Einsen für ungerade Pascalzahlen).

Inhalt

Was ist Kombinatorik ?

Die Kombinatorik ist ein Teilgebiet der Mathematik, das sich außerordentlich rasch entwickelt. Die rasante Entwicklung wird gefördert durch die zunehmende Verbreitung leistungsfähiger Computer, die die Behandlung von Problemen ermöglichen, deren Lösung noch vor kurzer Zeit undenkbar war. Diese Dynamik erschwert eine endgültige Definition der Kombinatorik.

Daher beschränken wir uns darauf, einige typische kombinatorische Aktivitäten an Beispielen vorzustellen. Wir beginnen mit dem Problem der *Existenz*, es folgen als weitere Gesichtspunkte das *Abzählen*, *Aufzählen* und das *Optimieren*.

Problem Existenz

Erstes Beispiel: Magische Sechsecke

Ist es möglich, die Zahlen 1, 2, ..., 7 so in die sechseckigen Felder hineinzuschreiben, daß die Summe entlang aller neun "Linien" dieselbe ist?

Unabhängig davon, welche Zahl in dem Feld links oben steht, müssen die beiden benachbarten Randfelder mit derselben Zahl belegt werden, damit die Liniensummen übereinstimmen. Jede Zahl kann aber nur in *ein* Feld hineingeschrieben werden. Daher gibt es keine Anordung der verlangten Art.

Das ändert sich, wenn ein weiterer Sechseckring um das obige Muster herumgelegt wird. Das neue Sechseckmuster hat dann 19 Felder, und tatsächlich lassen sich die Zahlen 1, 2, ..., 19 in der geforderten Weise anordnen:

Zweites Beispiel: Vierfarbenproblem

Von einer guten politischen Landkarte erwartet man, daß angrenzende Länder verschieden gefärbt sind. Hat man eine große Anzahl Farben zur Verfügung, ist das
kein besonderes Problem. Viel schwieriger ist die Frage nach der kleinsten Anzahl
von Farben, mit der man stets auskommt.

Seit Mitte des 19. Jahrhunderts beschäftigt die Mathematik dieses Problem. Von
Anfang an wurde vermutet, daß für jede denkbare Landkarte vier Farben ausrei-
chen. Daß man mindestens vier Farben braucht, ist seit langem bekannt. Ein Beispiel gibt die Karte:

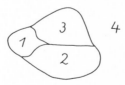

1890 bewies dann P.J. Heawood, daß man mit fünf Farben stets auskommt. Die
Vierfarbenvermutung, die sich so einfach formulieren läßt, blieb weiterhin ungelöst.
Erst 1976 gelang es K. Appel und W. Haken mit Hilfe eines Computers zu zeigen,
daß es keine Landkarte geben kann, die sich nicht mit vier Farben färben läßt. Ihr
Programm lief rund 1200 Stunden, fast 10 Milliarden logische Entscheidungen
waren nötig. Ihr Beweis sagt allerdings nichts darüber, *wie* man bei gegebener
Landkarte eine Färbung findet.

Abzählen

Beispiel: Turmprobleme

Acht ununterscheidbare Türme sollen so auf ein gewöhnliches Schachbrett gestellt werden, daß sie sich gegenseitig nicht schlagen können. Daß es solche Aufstellungen gibt, zeigt das folgende Bild.

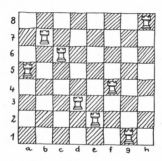

Jetzt fragen wir: *Wie viele* derartige Aufstellungen gibt es?

Setzen wir die Türme spaltenweise. Für den ersten Turm gibt es dann 8 Setzmöglichkeiten. Bei jeder Stellung des ersten Turms bleiben für den zweiten noch 7 Wahlmöglichkeiten. Unabhängig von der Aufstellung der schon gesetzten Türme bleiben für den dritten noch 6 Möglichkeiten, für den vierten noch 5, ... und für den letzten nur noch 1 Wahlmöglichkeit. Insgesamt gibt es daher

$$8 \cdot 7 \cdot 6 \cdot 5 \cdot \ldots \cdot 1 = 40\ 320$$

verschiedene Aufstellungen; eine davon zeigt das Bild.

Wir haben damit zugleich abgezählt, auf wie viele Arten acht Plätze mit acht Objekten so belegt werden können, daß jedes Objekt nur einen Platz einnimmt und umgekehrt jeder Platz auch nur mit einem Objekt besetzt ist. In der obigen Aufstellung steht zum Beispiel der Turm der ersten Spalte für das Objekt a, das den Platz 5 einnimmt.

Viele Abzählprobleme lassen sich als Turmproblem formulieren und auf dem Schachbrett lösen. Überhaupt scheint das vertraute Schachbrett die Vorstellungskraft zu beflügeln.

Von F.E.A. Lucas, einem französischen Mathematiker des 19. Jahrhunderts, stammt das *problème des ménages:* Auf wie viele Arten können sich n Ehepaare so um einen runden Tisch setzen, daß Frauen und Männer abwechseln und keine Ehepartner nebeneinander sitzen?

Beschränken wir uns auf den Fall von 5 Ehepaaren. Wir nehmen an, die Frauen hätten sich bereits gesetzt und jeden zweiten Platz für die Männer freigelassen:

Auf wie viele Arten können sich dann die fünf Männer setzen, wenn keiner neben seiner eigenen Frau sitzen soll? (Dabei soll uns nicht interessieren, daß sich schon die Frauen auf $4 \cdot 3 \cdot 2 \cdot 1$ Arten setzen können.)

In der Sprache des Schachbretts bedeutet dies, daß fünf nichtschlagende Türme auf die nicht angekreuzten Felder dieses Brettes zu setzen sind :

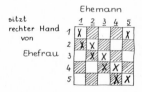

Die Kreuze markieren verbotene Positionen.

Damit ist die Bestimmung der Anzahl zulässiger Sitzordnungen auf ein Turmproblem zurückgeführt.

Das *problème des ménages* ist erst Mitte dieses Jahrhunderts von J. Touchard vollständig gelöst worden. Für 5 Ehepaare sind 13 Sitzordnungen möglich.

Derartige amüsante Unterhaltungsprobleme waren lange Zeit der Inbegriff von Kombinatorik. Als die Mathematiker an Fürstenhöfen den Hofstaat erheiterten, waren kluge Abzählprobleme mit frappierenden Lösungen geradezu eine Lebensgrundlage. Entsprechend bunt ist die Problemvielfalt. Heutzutage gewinnen Abzählprobleme zunehmend an Bedeutung. Ihre Lösung ist eine Grundlage für die Berechnung der Größenordnung von Rechenschrittanzahlen in Computerprogrammen. Erst die Kenntnis dieser *Laufzeit* eines Programms gestattet eine Abschätzung der Rechenkosten.

Aufzählen

Beispiel: Umordnungen

Zu wissen, daß sich n Objekte 1,2,...,n auf $n \cdot (n-1) \cdot \ldots \cdot 1$ Arten umordnen lassen, ist eine Sache; sämtliche Umordnungen *aufzulisten* eine andere.

Von einer brauchbaren Auflistung wird man erwarten, daß sie möglichst schnell erstellt werden kann, zusammengehörige Eintragungen auch in der Liste dicht beieinander stehen und daß man raschen Zugriff zu ihren Daten hat.

Von H. Steinhaus, einem Mathematiker unserer Zeit, stammt ein überraschend einfaches Verfahren, alle Umordnungen von n Objekten aufzulisten.

Angenommen, der Computer hätte nach dem Verfahren von Steinhaus sämtliche Umordnungen von n – 1 Objekten untereinander aufgelistet. Dann entsteht die neue Liste, indem das n – te Objekt schrittweise durch die alte Liste geschoben wird:

```
n=1        n=2          n=3            n=4           usw.

 1          1 2          1    2 3       1    2    3 4
            2 1          1    3 2       1    2    4 3
                         3    1  2      1    4 2    3
                         3    2  1      4    1    2  3
                         2    3 1       4    1    3  2
                         2    1 3       1    4 3    2
                                        1    3 4 2
                                        1    3    2 4
                                        3    1    2 4
                                        3    1 4 2
                                        3    4 1    2
                                        4 .  .  .
                                        4 .  .  .
                                        .  4 .  .
                                        .  .  4 .
                                        .  .  .
```

Man kann sich vorstellen, wie wichtig derartige Algorithmen für das Sortieren ungeordneter Daten sind.

Optimieren

Beispiel: Kürzeste Wege

Die Fragestellung, die sich hinter diesem Beispiel verbirgt, ist grundlegend für die Lösung vieler Organisationsprobleme in Wirtschaft und Verwaltung. Häufig hat man dort Betriebsabläufe möglichst günstig zu gestalten, d.h. zu optimieren.

Der abgebildete Plan zeigt einen Ausschnitt aus dem Straßennetz einer Stadt. Eingetragen sind Erfahrungswerte für die mittleren Fahrtzeiten (in Minuten) von Kreuzung zu Kreuzung.

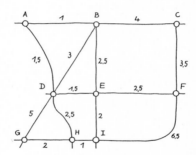

Auf welchem Weg kommt man am schnellsten von C nach G?

Die naheliegendste Lösung ist, alle möglichen Wege von C nach G mit ihren Fahrtzeiten aufzulisten und dann durch Vergleich einen optimalen herauszusuchen. Schon bei Netzen mit mehr als 20 Punkten ist dies — selbst für einen Rechner — hoffnungslos.

Der Schlüssel für eine erfolgreiche algorithmische Behandlung ist die folgende Überlegung: Hätte man einen kürzesten Weg von C nach G gefunden, so muß, falls dieser über D führt, auch der Teilweg von C nach D ein kürzester sein. Denn gäbe es von C nach D einen kürzeren, so wäre dieser nur noch um das Stück DG zu verlängern, und man hätte einen kürzeren Weg von C nach G gefunden.

Setzt man dieses Argument fort, so nähert man sich immer mehr dem Anfangspunkt C. Daher liegt es nahe, von C auszugehen und schrittweise kürzeste Wege immer größerer Reichweite zu konstruieren. O. Dijkstra hat 1959 einen Algorithmus entwickelt, der auf dieser Idee beruht. (Optimal ist in unserem Beispiel der Weg CFEIHG mit einer Fahrtzeit von 11 Minuten.)

Solche *rekursiven Verfahren* eignen sich besonders für den Computer, da er dieselben einfachen Operationen in vorgegebener Reihenfolge rasch und verläßlich ausführen kann.

Die Auffassung, Computerprogramme als Lösung mathematischer Probleme zu akzeptieren, gewinnt gegenüber der formelmäßigen Lösung immer mehr an Gewicht. Die Suche nach Formeln behält ihre Berechtigung, soweit sie eine tiefere Einsicht in das Problem gestatten.

In vielen Fällen genügt es, statt einer exakten eine Näherungslösung zu kennen, die oft viel leichter zu berechnen ist. Algorithmen für Näherungslösungen sind zudem häufig erheblich schneller.

* * *

Die Kombinatorik ist reich an überraschenden Schlußweisen, die der speziellen Situation entspringen; die magischen Sechsecke sind ein Beispiel dafür. Nicht zuletzt deshalb übt dieses Teilgebiet der Mathematik auf viele einen besonderen Reiz aus. Das heißt jedoch nicht, daß die Kombinatorik frei wäre von allgemeinen Prinzipien und Methoden. Im Einzelfall zu erkennen, ob diese Methoden anwendbar sind – aber auch ihre Anwendung selbst – erfordert allerdings Geschick und Übung. Beim Lösen kombinatorischer Probleme spielt die Erfahrung eine wesentliche Rolle.

Zu den elementaren Prinzipen der abzählenden Kombinatorik gehören die Produktregel und das Prinzip vom Ein – und Ausschluß. Beide werden im *ersten* Kapitel behandelt. Die enge Beziehung zwischen Kombinatorik und Algebra findet in der Methode der erzeugenden Reihe ihren Ausdruck. Sie ist Gegenstand des *zweiten* Kapitels. Der zunehmenden Bedeutung algorithmischer Methoden in der Kombinatorik trägt vor allem das *dritte* Kapitel Rechnung.

1. Abzählen mit elementaren Zählprinzipien

Im Mittelpunkt dieses Kapitels steht das Abzählen. Als grundlegendes Hilfsmittel wird sich die *Produktregel* erweisen; sie werden wir im Abschnitt 1.1 kennenlernen. Viele Abzählprobleme führen auf die *Pascalzahlen* ("Binomialkoeffizienten"), den Gegenstand von Abschnitt 1.3. Der nachfolgende Abschnitt 1.4 entwickelt mit dem *Prinzip vom Ein – und Ausschluß* ein Abzählprinzip, mit dem Mehrfachzählungen systematisch korrigiert werden. – Etwas abseits liegt·der Abschnitt 1.2. Hier geht es nicht um das Abzählen gewisser Objekte, sondern um deren vollständige Auflistung. Auf eines dieser Aufzählverfahren werden wir etwas gründlicher eingehen.

1.1 Bananenkisten und Teileranzahlen

Ein Frachter hat 1000 Bananenkisten geladen, die von 1 bis 1000 durchnumeriert sind. Der Lademeister erhält vom Kapitän den Auftrag, die Kisten nach folgender Vorschrift der Reihe nach mit Kreuzen zu versehen: Im ersten Durchgang soll jede Kiste ein Kreuz erhalten, im zweiten jede zweite, im dritten jede dritte, ..., im letzten (1000sten) Durchgang schließlich nur noch die letzte (1000ste) Kiste.

Der Lademeister ist manches gewöhnt auf diesem Schiff, aber dies ist in der Tat bei weitem der skurrilste Auftrag. Im nächsten Hafen soll er alle Kisten mit einer ungeraden Anzahl von Kreuzen an Deck schaffen lassen. Der Sinn dieser Aktion bleibt ihm unklar, für ihn ist nur wichtig: Welche Kisten müssen an Deck und wie viele sind es?

Der Lademeister überlegt sich zunächst, welche Kisten nach oben zu schaffen sind. Dazu macht er sich folgende Skizze mit zunächst 20 Kisten :

Der Lademeister ist erfreut: Er ist sich fast sicher, daß es gerade die Kisten mit einer Quadratzahl als Nummer sind und daher viel weniger Arbeit anfällt, als er befürchtet hatte. Doch wie kann er sich davon überzeugen?

Wie kommt es, daß ausgerechnet die Quadratzahlen eine ungerade Anzahl von Kreuzen tragen? Bei welchen Durchgängen erhielt z.B. die Kiste Nummer 16 ein Kreuz? Zum Beispiel im vierten Durchgang. In diesem Durchgang erhielt nur jede vierte Kiste ein Kreuz: die Kisten 4, 8, 12, 16, 20, also gerade die Kisten, deren Nummern durch 4 teilbar sind. Jedes Kreuz auf der Kiste 16 steht also für einen Teiler der Zahl 16: das erste für den Teiler 1, das zweite für den Teiler 2, das dritte für den Teiler 4, das vierte für den Teiler 8, das fünfte für den Teiler 16. Die Vermutung des Lademeisters bedeutet daher: Genau die Quadratzahlen haben eine ungerade Anzahl von Teilern.

Nach kurzer Zeit fällt ihm eine überraschend einfache Begründung seiner Vermutung ein: Dividiert man eine Zahl durch einen ihrer Teiler, so erhält man einen weiteren. Ist die Zahl eine Quadratzahl, so erzeugt – bis auf ihre Quadratwurzel – jeder Teiler einen neuen. Folglich ist die Teileranzahl einer Quadratzahl ungerade. Ist die Zahl keine Quadratzahl, so treten alle ihre Teiler paarweise auf, die Teileranzahl ist dann aber gerade.

Offen ist jetzt noch, wie viele Bananenkisten der gequälte Lademeister an Deck zu bringen hat. Es ist die Anzahl der Quadratzahlen bis einschließlich 1000. Davon gibt es 31, denn $31^2 = 961$ und $32^2 = 1024$ ist bereits größer als 1000. Der Lademeister hatte also allen Grund, sich zu freuen, denn er muß nicht einmal jede 32. Bananenkiste an Deck schaffen lassen.

Dem Lademeister bleibt nichts erspart: Der Kapitän hat es sich inzwischen anders überlegt. Jetzt soll er die Kisten an Deck schaffen, die genau vier Kreuze tragen. *Welche sind das?*

Hätte der Lademeister, wie befohlen, die Kreuze auf alle 1000 Kisten gesetzt, so hätte er leichtes Spiel. Er greift zu seiner Skizze, stellt fest, daß es von den ersten zwanzig Kisten genau die mit den Nummern 6, 8, 10, 14 und 15 sind – und kann keine Gesetzmäßigkeit erkennen. Jetzt ist er entschlossen, grundsätzlicher über Teileranzahlen nachzudenken, nicht zuletzt, um weiteren skurrilen Aufträgen seines ungeliebten Kapitäns gewachsen zu sein.

Wie läßt sich die Anzahl der Teiler einer natürlichen Zahl bestimmen? Bei kleinen Zahlen ist dies einfach: Man probiert der Reihe nach. Doch welche Teiler hat zum

Beispiel 360? Hier ist es vorteilhaft, 360 in seine Primfaktoren zu zerlegen:

$$360 = 2^3 \cdot 3^2 \cdot 5$$

So sind zum Beispiel $2^3 \cdot 3 = 24$ oder $3^2 \cdot 5 = 45$ Teiler von 360. Die Darstellung läßt sich ausnutzen, um alle Teiler – und damit ihre Anzahl – *systematisch* zu gewinnen, indem jede mögliche Zweierpotenz mit jeder möglichen Dreierpotenz und jeder möglichen Fünferpotenz kombiniert wird:

Beginnen wir mit der Wahl einer Zweierpotenz. Vier Entscheidungen sind möglich:

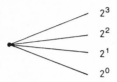

Ist die Zweierpotenz gewählt, z.B. 2^2, so gibt es für die anschließende Wahl der Dreierpotenz drei Möglichkeiten:

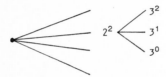

Haben wir uns z.B. für 3^0 entschieden, so ist noch die Fünferpotenz zu wählen. Zwei Entscheidungen sind möglich:

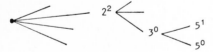

Bei Wahl von 5^1 erhalten wir damit den Teiler $2^2 \cdot 3^0 \cdot 5^1 = 20$.

Mit einem solchen *Baum* lassen sich alle Teiler von 360 auflisten. An ihm lesen wir jetzt ab, wie viele es sind.

Von jedem Ast mit einer Zweierpotenz gehen drei Äste mit Dreierpotenzen aus. Da es vier Zweierpotenzen gibt, hat man $4 \cdot 3$ Möglichkeiten, Zweier – *und* Dreierpotenz zu wählen. Schließlich gehen von jeder Dreierpotenz jeweils zwei Fünferpotenzen aus. Insgesamt hat man daher $(4 \cdot 3) \cdot 2$ Möglichkeiten, Zweier –, Dreier – und Fünferpotenz zu wählen. Das vervollständigte Baumdiagramm enthält somit $4 \cdot 3 \cdot 2 = 24$ Entscheidungswege, d.h. die Zahl 360 hat 24 Teiler.

Unsere Überlegungen zeigen, daß wir allein aus der Primfaktorzerlegung einer Zahl ihre Teileranzahl ablesen können: So hat in unserem Beispiel $360 = 2^3 \cdot 3^2 \cdot 5^1$ genau $(3+1) \cdot (2+1) \cdot (1+1) = 4 \cdot 3 \cdot 2 = 24$ Teiler. (Wie viele Teiler hat zum Beispiel die Zahl 156?)

Da es in dieser Berechnungsformel auf die Reihenfolge der Faktoren nicht ankommt, kann man die Teiler von 360 ebensogut gewinnen, indem man z.B. mit der Wahl der Dreierpotenz beginnt. Der zugehörige Entscheidungsbaum hätte dann allerdings eine andere Gestalt.

Doch nun zurück zum Problem unseres Lademeisters, welche natürlichen Zahlen genau vier Teiler haben. Wir wissen, daß sich die Anzahl der Teiler einer Zahl aus dem Produkt der um 1 vermehrten Exponenten ihrer Primfaktorzerlegung ergibt. Nun läßt sich die Teileranzahl 4 auf zwei Weisen in der verlangten Form schreiben, nämlich

$$4 = (1+1) \cdot (1+1) \quad \text{oder} \quad 4 = 3+1.$$

Also haben genau die Zahlen 4 Teiler, die sich entweder als Produkt zweier Primzahlen oder als dritte Potenz einer Primzahl schreiben lassen. Und dies sind in der Tat die Zahlen 6, 8, 10, 14, 15, ... (Wie geht die Reihe weiter?)

Aufgaben

1.a) Man begründe mit der gewonnenen Teileranzahlformel, wieso genau die Quadratzahlen eine ungerade Anzahl von Teilern haben.
b) Welche Kisten tragen genau zwei (drei, acht) Kreuze?
2. Welche natürlichen Zahlen haben 12 Teiler?
3. Wie viele Teiler hat die Zahl 1 000 000 000 (1 Milliarde)?
4. Auf der Menü – Karte eines Restaurants lesen wir:

> *Feine Fenchelcremesuppe*
> *Indische Currysuppe*
> *Schildkrötensuppe 'Lady Curzon'*
>
>   * * * *
>
> *Schnecken nach Elsässer Art*
> *Langustencocktail 'Nizza'*
>
>   * * * *
>
> *Porterhouse Steak*
> *Flambierte Truthahnbrust*
> *Seezunge 'Marguery'*
> *Aladins Wunderpfanne*
>
>   * * * *

Eisschale 'Blue Canary'
Crêpes à la paysanne
Irish coffee

Nicht jede Zusammenstellung eines Menüs wird einfachsten kulinarischen Regeln genügen. Dennoch fragen wir :

a) Wie viele vollständige 4 – Gang Menüs lassen sich zusammenstellen?

b) Nehmen wir an, ein Gast verzichtet auf den Nachtisch, wieviel Wahlmöglichkeiten entgehen ihm?

c) Wie viele 2 – Gang – Menüs, die das Hauptgericht enthalten, lassen sich zusammenstellen?

5. Die Figur zeigt vier Städte und ihre Verbindungsstraßen.

a) Auf wie viele Arten kann man von A über B und C nach D fahren?

b) Wie viele Rundreisen ABCDCBA gibt es, wenn Straßen auch zweimal (nur einmal) befahren werden dürfen?

6.a) Acht ununterscheidbare Türme sollen so auf ein Schachbrett gestellt werden, daß sie sich gegenseitig nicht schlagen. Wie viele Aufstellungen gibt es?

b) Wie viele Aufstellungen gibt es noch, wenn die Türme außerdem punktsymmetrisch zum Zentrum des Brettes stehen sollen? Die Figur zeigt ein Beispiel.

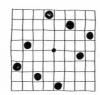

7. Wie viele Autokennzeichen der Stadt Bielefeld gibt es, die außer BI aus einem oder zwei Buchstaben und einer dreiziffrigen Nummer bestehen?

8.a) Wie viele ununterscheidbare und auf schwarzen Feldern operierende Läufer ("schwarze Läufer") lassen sich so auf einem Schachbrett aufstellen, daß sie sich nicht gegenseitig schlagen können?

b) Wie viele solcher Aufstellungen mit maximaler Anzahl von Läufern gibt es?

c) Wie viele solche Aufstellungen gibt es, wenn neben schwarzen auch weiße Läufer aufgestellt werden dürfen?

9. Bei der 11er – Wette wird hinter den 11 auf dem Wettschein angegebenen Spielen jeweils eine der Ziffern 1 (1. Verein gewinnt), 2 (2. Verein gewinnt) oder 0 (unentschieden) gesetzt. Wie viele Tippreihen müssen Sie ausfüllen, um sicher zu sein, auf einem der Scheine elfmal richtig getippt zu haben?

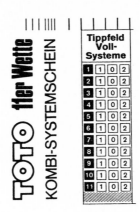

10. Ein Computer mittlerer Größe verfügt über 60 000 Speicherplätze. Jeder Platz kann mit 0 (kein Signal) oder 1 (Signal) belegt werden. Wie viele Belegungen gibt es?

11. Sicherheitsschlüssel sind an verschiedenen Stellen verschieden tief ausgefräst. Wie viele Schlüssel sind möglich, wenn es 6 Fräspositionen und 10 mögliche Tiefen gibt?

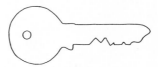

12. Eine Computer – Lochkarte hat 960 Positionen, die in 12 Zeilen und 80 Spalten angeordnet sind. Jede Position kann gelocht werden oder nicht.

a) Wie viele verschiedene Lochkarten sind möglich?

b) Wie viele gibt es, wenn in jeder Spalte genau eine gelochte Position sein soll?

13.a) Wie viele 6 – stellige Zahlen gibt es? In wie vielen kommt die Ziffer 0 nicht vor?

b) In wie vielen Zahlen ohne die Ziffer 0 treten die übrigen Ziffern höchstens einmal auf?

c) In wie vielen treten die Ziffern 1, 2, ..., 6 jeweils genau einmal auf?

Häufig tritt als Zählergebnis ein Produkt der Form $1 \cdot 2 \cdot 3 \cdot \; \ldots \; \cdot (n-1) \cdot n$ auf. Man schreibt dafür n! (gelesen "n Fakultät"). Die Zahl n! wächst mit wachsendem n enorm schnell: Ein Computer, der – sagen wir – bis zur Zahl 1 Million in 1 Sekunde zählen kann, braucht für 10! etwa $3\frac{1}{2}$ Sekunden, für 15! etwa 15 Tage und, um bis zur Zahl 20! zu zählen, bereits ungefähr 77 000 Jahre!

14.a) Aus dem Wort 'MOSAIK' entsteht durch Umstellen der Buchstaben z.B. 'KAIMOS', 'SAKOIM', 'SKMOAI'. Wie viele solcher Anordnungen gibt es?

b) 'MOOS', 'SMOM' und 'OOAA' sind Beispiele für vierbuchstabige "Wörter", in denen nur Buchstaben vorkommen, die auch im Wort 'MOSAIK' auftreten. Wie viele solcher "Wörter" lassen sich bilden?

c) In wie vielen Wörtern aus b) kommen Buchstaben mehrfach vor?

d) 'MOSAIK' ist ein Wort mit sechs Buchstaben aus unserem 26 – elementigen Alphabet. Wie viele Wörter mit sechs Buchstaben gibt es?

15. Auf wie viele Arten läßt sich ein Skatspiel mit 32 Karten mischen?

Jemand soll einmal gewettet haben, er könne 52 Spielkarten durch genügend häufiges Mischen in eine bestimmte, vorher vereinbarte Reihenfolge bringen. Er soll es, so wird erzählt, bei 10 Stunden pro Tag nach 20 Jahren tatsächlich geschafft haben: mit insgesamt 4 246 028 Mischungen. Angesichts der Größe der Zahl 52! ($\approx 8 \cdot 10^{67}$) hat er ausgesprochen Glück gehabt, so schnell fertig geworden zu sein.

16. Das bekannte 15er – Puzzle besteht aus 15 gegeneinander verschiebbaren quadratischen Feldern, die mit den Zahlen 1 bis 15 beschriftet sind. Die Aufgabe besteht darin, die Felder aus irgendeiner Anfangsstellung in die natürliche Reihenfolge zu bringen. Wie viele Ausgangsstellungen sind denkbar?

12	6	3	11
10	1	14	4
15	5	9	7
13	8	2	

17. Einer Urne mit von 1 bis n durchnumerierten Kugeln sollen nacheinander k Kugeln entnommen werden, wobei nach jeder Ziehung die Nummer der gezogenen Kugel notiert und die Kugel nicht in die Urne zurückgelegt wird. (Es kommt also auf die Reihenfolge der notierten Kugelnummern an.)

a) Wie viele mögliche Ziehungsergebnisse gibt es (speziell für k = n)?

b) Was ändert sich, wenn vor Ziehung einer Kugel jeweils die vorher gezogene in die Urne zurückgelegt wird?

Für große n gilt als Näherung für die Zahl n! die sogenannte *Stirling – Formel*

$$n! \approx \sqrt{2\pi n} \cdot \left(\frac{n}{e}\right)^n,$$

wobei e die Basis des natürlichen Logarithmus ist (e $\approx$ 2,718). Die nachfolgende Tabelle zeigt, wie gut diese Näherung für n = 10, 20, 50 und 100 ist:

n	n!	Stirlings Näherung	relativer Fehler
10	3 628 800	3 598 696	0,83 %
20	$2,433 \cdot 10^{18}$	$2,423 \cdot 10^{18}$	0,42 %
50	$3,041 \cdot 10^{64}$	$3,036 \cdot 10^{64}$	0,17 %
100	$9,333 \cdot 10^{157}$	$9,325 \cdot 10^{157}$	0,09 %

Über 40 Trillionen!

Unter der Nummer 170062 ließ der Ungar Ernö Rubik am 30.1.1975 ein Puzzle patentieren, mit dem er das räumliche Vorstellungsvermögen seiner Architekturstu–denten trainieren wollte. Sein Zauberwürfel löste ein unerwartetes weltweites "Drehfieber" aus; allein in der Bundesrepublik wurde "Rubik's Cube" weit mehr als 1 Million Mal verkauft.

Wer mit diesem Würfel je gespielt hat, weiß, welch heilloses Durcheinander der Farben sich bereits nach wenigen Drehungen einstellt. Den Würfel beherrscht, wer ihn mit möglichst wenigen Drehmanövern wieder in Ordnung bringt.

Wie viele verschiedene Würfelstellungen sind möglich?

Während die Mittelwürfelchen jeder Fläche fest mit der Mechanik verbunden sind, können jeweils die 8 Ecken – und die 12 Kantenwürfelchen untereinander ihre Plätze tauschen. Dies führt zu $8! \cdot 12!$ Möglichkeiten, die Ecken – und Kantenwürfel zu plazieren (warum?). Jede solche Plazierung läßt sich auf $3^8 \cdot 2^{12}$ Arten variieren, denn jedes Eckenwürfelchen kann seinen Platz auf drei, jedes Kantenwürfelchen auf zwei Arten einnehmen, je nachdem, in welche Richtung seine Flächen weisen. Damit haben wir insgesamt

$$(8! \cdot 12!) \cdot (3^8 \cdot 2^{12}) \quad = \quad 519\ 024\ 039\ 293\ 878\ 272\ 000,$$

d.h. mehr als 500 Trillionen mögliche Würfelstellungen.

Wir können hier nicht begründen, warum nicht *alle* diese Stellungen durch Drehen des Würfels erreichbar sind und daher das Ergebnis noch korrigiert, genauer: durch

12 geteilt werden muß. Die Anzahl der möglichen Würfelstellungen ist dann immer noch eine astronomische Zahl, nämlich 43 252 003 274 489 856 000, also über 40 Trillionen!

Hinweise zu den Aufgaben

Zu 1.b: Überlegen Sie, wann die Teileranzahlformel das verlangte Ergebnis liefert.

Zu 2: Wie bei Aufgabe 1 ist der Schlüssel zur Lösung die Frage: Von welcher Form müssen die Primfaktorzerlegungen der gesuchten Zahlen sein, damit die Anzahl ihrer Teiler zwölf ist.

Zu 3: Suchen Sie die Primfaktorzerlegung von 1 000 000 000 !

Zu 4.a: Wie sieht der zugehörige Entscheidungsbaum aus?

c: Ein Teil der 2 – Gang – Menüs läßt sich aus einer "kleinen" Speisekarte zusammenstellen, die neben dem Hauptgericht als weiteren Gang z.B. den Nachtisch anbietet.

Zu 6.a: Man denke sich die Türme spaltenweise gesetzt.

b: Setzen Sie vier Türme nacheinander spaltenweise und überlegen Sie sich die Bedeutung der Symmetrieforderung.

Zu 7: Überlegen Sie zunächst, wie viele Kennzeichen es mit einem Buchstaben gibt.

Zu 8.b: Versuchen Sie zunächst herauszufinden, warum es nicht für alle Läufer bei Nacheinandersetzen mehrere Wahlmöglichkeiten gibt.

c: Die weißen Läufer können unabhängig von den schwarzen aufgestellt werden.

Zu 13.b: Beachten Sie, daß bei der Wahl der zweiten Ziffer die erste Ziffer nicht nochmals gewählt werden darf.

Zu 14.a: Wie viele Möglichkeiten bleiben noch für den dritten Buchstaben, wenn die ersten beiden schon gewählt sind?

c: Berechnen Sie, in wie vielen Wörtern jeder Buchstabe höchstens einmal vorkommt.

Zu 16: Bedenken Sie, daß auch das freie Feld verschiebbar, also wie eine weitere Zahl zu behandeln ist.

Zu 17.a: Mit jeder Ziehung nimmt die Anzahl der Kugeln in der Urne und damit die Anzahl möglicher Ziehungsergebnisse um 1 ab.

Weitergehende Hinweise

Zu 2: Beachten Sie, daß sich die Teileranzahl einer in Primfaktoren zerlegten natürlichen Zahl ergibt, indem man die um 1 vermehrten Exponenten miteinander multipliziert, z.B. hat die Zahl $7^2 \cdot 11^3$ die Teileranzahl $(2 + 1)(3 + 1) = 3 \cdot 4 = 12$.

Zu 3: Schreiben Sie 1 000 000 000 als Zehnerpotenz!

Zu 6.b: Für den ersten Turm bestehen 8 Möglichkeiten. Warum hat der zweite Turm nur noch 6?

Zu 7: Beachten Sie, daß die erste Ziffer der Nummer keine Null sein darf.

Zu 8.a: Setzen Sie die Läufer diagonalenweise.

b: Die Stellung der letzten 3 Läufer ist durch die Stellung der ersten 4 festgelegt.

Zu 16: Denken Sie sich die Felder des Puzzles hintereinander angeordnet.

BELL RINGING

Eight bells have been rung to their full "extent" (a complete "Bob Major" of 40,320 changes) only once without relays. This took place in a bell foundry at Loughborough, Leicestershire, beginning at 6.52 a.m. on 27 July 1963 and ending at 12.50 a.m. on 28 July, after 17 hours 58 minutes. The peal was composed by Kenneth Lewis of Altrincham, Cheshire, and the eight ringers were conducted by Robert B. Smith, aged 25, of Marple, Cheshire. Theoretically it would take 37 years 355 days to ring 12 bells (maximus) to their full extent of 479,001,600 changes.

Aus dem "Guinness Book of Records" im Kapitel "The Arts of Entertainments".

1.2 Die nächste Melodie bitte !

40 320 Melodien aus nur 8 Tönen zu komponieren (es sind alle möglichen, in denen alle 8 Töne – und jeder nur einmal – vorkommen), einen bereitwilligen Dirigenten zu finden, und dann auch noch 8 Glöckner dazu zu bringen, sie schön der Reihe nach zu spielen – dazu bedarf es einiger Ausdauer! (Ins Guinnes Buch der Rekorde wird schließlich auch nicht jeder aufgenommen.)

Kaum zu glauben, daß Kenneth Lewis sich die Mühe gemacht hat, alle 40 320 Melodien aufzuschreiben, nur damit die Glöckner nach Blatt spielen können. Doch woher wußten dann Dirigent und Glöckner, welche Melodie jeweils als nächste anzustimmen war?

Möglich, daß Lewis ihnen folgende Anweisung gab: "Beginnt mit 12345678 – wobei 1 für den tiefsten Glockenton, 2 für den nächsthöheren usw. steht und zuerst 1, dann 2 usw. zu spielen ist. Seid ihr mit einer Melodie fertig, so spielt als nächste die – als Zahl gelesen – nächst größere."

Nach 12345678 wäre dann 12345687 zu spielen. Schwieriger ist allerdings schon zu sehen, welche Melodie z.B. auf 43578621 zu folgen hat.

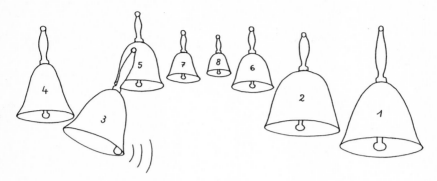

Beginnt man von links die Glocken zu läuten, so ertönt die Melodie 43578621.

Dazu müssen wir die Ziffern der Zahl 43578621 so umstellen, daß sich ihr Wert um einen möglichst kleinen Betrag vergrößert. Eine Vergrößerung erreichen wir, wenn wir eine größere Ziffer weiter nach vorn bringen. Soll die Vergrößerung möglichst klein sein, muß dieser Zifferntausch möglichst weit hinten stattfinden. Die am weitesten hinten stehende Ziffer, die durch eine größere hinter ihr stehende ersetzt werden kann, ist hier die 7:

$$\overset{8}{4357}....$$

Die verbleibenden vier Ziffern 7, 6, 2 und 1 müssen wir jetzt nur noch so anordnen, daß die entstehende Zahl möglichst klein wird – 43581267, und die nächste Melodie ist gefunden.

Die Methode, die Melodien wie die Worte in einem Lexikon, d.h. lexikographisch anzuordnen, ist zwar naheliegend, doch für Dirigent und Musiker wenig hilfreich; es würde einfach zu lange dauern, die nächste Melodie zu finden.

Komponieren

Machen wir uns auf die Suche nach einer geschickteren Melodienfolge! Wir beginnen mit den 2 – Ton – Melodien, von denen es nur zwei gibt:

    12   21

Es gibt jeweils drei Möglichkeiten, in jede der beiden Melodien einen dritten Ton aufzunehmen:

$$12\underline{3} \qquad 21\underline{3}$$

$$13\underline{2} \qquad 2\underline{3}1 \qquad\qquad \text{Die 3 wird in jeder 2 – Ton – Melodie durchgeschoben.}$$

$$\underline{3}12 \qquad \underline{3}21$$

Je nachdem, wie wir diese Liste L_3 der 3 – Ton – Melodien lesen, z.B. spalten – oder auch zeilenweise, können wir sie zur Liste L_4 erweitern.

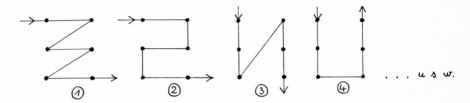

Wir entscheiden uns für Lesart ③, d.h. wir lesen L_3 spaltenweise von links nach rechts:

$$123 \qquad 132 \qquad 312 \qquad 213 \qquad 231 \qquad 321$$

Nun schieben wir – wie beim Übergang von L_2 nach L_3 – die 4 von hinten durch und lesen nach demselben Muster:

Jetzt ist klar, wie L_8 zu komponieren ist; die Aufgabe des Komponisten Lewis ist gelöst. Doch ist das Dirigieren nach diesem Kompositionsmuster tatsächlich einfacher?

Dirigieren

Angenommen, die letzte Melodie war 87652143. Wie findet der Dirigent Robert B. Smith die nächste?

8 ist in der 7 – Ton – Melodie 7652143 bereits durchgeschoben. Wir müssen daher in L_7 die auf 7652143 folgende Melodie finden, an die dann 8 anzufügen ist. Dazu müssen wir jedoch zunächst nach L_6, von dort nach L_5 und schließlich nach L_4 zurückgehen. Erst in L_4 können wir durch Weiterschieben der 4 unmittelbar die auf 2$\underline{1}$43 folgende Melodie 2$\underline{4}$13 finden. An diese sind dann der Reihe nach die restlichen Töne anzufügen; die nachfolgende Melodie 24135678 ist gefunden.

Dieses Verfahren läßt sich allgemein formulieren:

Algorithmus zur Bestimmung des Nachfolgers einer Melodie

1. Schritt: Falls in der Melodie auf jeden Ton ein tieferer folgt, ist sie die letzte. S T O P.

2. Schritt: Falls der höchste Ton am Anfang steht, lasse ihn fort. Wiederhole diesen Schritt so lange, bis die verbleibende Melodie nicht mit ihrem höchsten Ton beginnt.

3. Schritt: Schicke jetzt die höchste Note der Melodie um eins nach links.

4. Schritt: Füge der erhaltenen Melodie alle zuvor weggelassenen Töne der Höhe nach hinten an.

Halbzeit

8! = 40 320 Melodien sind zu spielen, ganz schön viele! Die Glöckner spielen gerade die Melodie 16758423. Wie lange haben sie es noch bis zur Halbzeit?

Um dies herauszufinden, bestimmen wir die Stellennummer von 16758423 in L_8, der Liste aller 8 – Ton – Melodien. 16758423 steht in L_8 in der 4 – ten Zeile, da die Note 8 bereits vier Stellen nach links durchgeschoben ist. Die Anzahl der Spalten, die der Spalte vorausgehen, in der 16758423 steht, ist gerade gleich der Anzahl der Melodien, die der 7 – Ton – Melodie 1675423 vorausgehen (warum?). Da in L_8 in jeder Spalte 8 Melodien stehen, gilt:

$$\begin{matrix} \text{Stellennummer von} \\ \text{16758423 in } L_8 \end{matrix} = \left(\begin{matrix} \text{Stellennummer von} \\ \text{1675423 in } L_7 \end{matrix} - 1 \right) \cdot 8 + 4$$

oder, in naheliegender Abkürzung:

$$N_8 (16758423) = (N_7 (1675423) - 1) \cdot 8 + 4 \ .$$

Entsprechend erhält man:

$$N_7 (1675423) = (N_6 (165423) - 1) \cdot 7 + 5$$

$$N_6 (165423) = (N_5 (15423) - 1) \cdot 6 + 5$$

$$N_5 (15423) = (N_4 (1423) - 1) \cdot 5 + 4$$

$$N_4 (1423) = (N_3 (123) - 1) \cdot 4 + 3$$

und schließlich:　　$N_3 (123) = 1 \ ,$

wie man ohne weiteres Zurückrechnen direkt sieht. Durch sukzessives Einsetzen von unten nach oben erhält man:

$$N_8(16758423) = 4628$$

Von der Halbzeit sind die Spieler also noch weit entfernt.

Das Verfahren, die Stellennummer auf eine Stellennummer in der nächst niedrigeren Liste zurückzuführen, formulieren wir allgemein als *rekursiven Algorithmus*.

Algorithmus zur Bestimmung der Stellennummer einer n – Ton – Melodie

1. Schritt: Falls die Melodie nur aus einem Ton besteht, ist die gesuchte Stellennummer gleich 1. Dann S T O P.

2. Schritt: Suche den höchsten Ton der Melodie und bestimme seine - von rechts aus gezählte - PLATZNUMMER.

3. Schritt: Streiche den höchsten Ton; es entsteht eine um einen Ton kürzere Melodie.

4. Schritt: Bestimme die STELLENNUMMER dieser Melodie.

5. Schritt: Die gesuchte Stellennummer der n-Ton-Melodie ist dann:
          [(STELLENNUMMER der (n-1)-Ton-Melodie)-1]·n + PLATZNUMMER.

Nicht – Melodisches

Zwar haben wir nun nicht Komponieren und Dirigieren, wohl aber ein wenig algorithmisches Denken gelernt. Auch wenn wir damit nicht ins Guinness Buch der Rekorde kommen, so haben wir doch etwas erreicht: Das langwierige Auflisten und Rechnen können wir jetzt einem Rechner übertragen. Wir müssen lediglich die formulierten Algorithmen in seine Sprache, in ein *Programm*, übertragen.

Aufgaben

1. Welche Melodie folgt in der lexikographischen Ordnung auf 46328751?
2. Wie lautet die vollständige Liste L_4 aller 4 – Ton – Melodien?

Im Absatz "Halbzeit" wurde die Stellennummer der Melodie 16758423 rekursiv berechnet. Naheliegender erscheint auf den ersten Blick, dem Kompositionsmuster von L_8 auch der Richtung nach zu folgen:

123 steht in L_3 an 1.Stelle

1423 steht in L_4 in der 1.Spalte in der 3.Zeile, d.h. an 3.Stelle

15423 steht in L_5 in der 3.Spalte in der 4.Zeile, d.h. an $(2 \cdot 5 + 4)$-ter,

    d.h. an 14.Stelle,

usw.

Führt dieses Verfahren zum selben Ergebnis? Wie hängt es mit dem rekursiven Vorgehen zusammen?

3. Welche Stellennummer und welchen Nachfolger hat die Melodie 87342156 in der Liste L_8?
4. Welche Melodie steht in L_8 vor 21453678 ?
5. Welche Melodie steht
a) in L_4 an 13. Stelle,
b) in L_6 an 245. Stelle und
c) in L_8 an 1000. Stelle?
d) Man entwickle einen rekursiven Algorithmus zur Bestimmung der n–Ton–Melodie zu gegebener Stellennummer.
6. Welche Melodie wird in L_4 (L_6, L_8, L_n) jeweils am Ende der ersten Halbzeit gespielt?
7. Man bearbeite die Aufgabe 6 für den Fall, daß wir uns im Unterabschnitt "Komponieren" für die Lesart 1 entschieden hätten.

Manch einer mag sich wundern, daß sich Menschen ernsthaft mit dem Komponieren von Glockenmelodien beschäftigen. Daß vollständige Listen von n–Ton–Melodien bedeutsame Anwendungen auch außerhalb der Musik finden, mag ein Beispiel belegen: Die vier neu entwickelten Schnupfen–Medikamente A, B, C und D sollen an Patienten verschiedenen Alters und Gewichts erprobt werden. Ein idealer Versuchsplan wäre:

		Gewichtsgruppe			
		1	2	3	4
	1	A	B	C	D
Alters-	2	B	A	D	C
gruppe	3	C	D	A	B
	4	D	C	B	A

In jeder Gewichts – bzw. Altersgruppe wird jedes Medikament genau einmal gegeben.

Solche *lateinischen Quadrate* wurden zuerst von dem amerikanischen Wissenschaftler Ronald Fisher (1890 – 1962) zu statistischen Zwecken benutzt. Wie findet man sie?

Jede Zeile läßt sich lesen als eine Melodie aus den vier Tönen A, B, C und D. Daher sind aus der Liste L_4 aller 4 – Ton – Melodien vier Töne so auszuwählen, daß kein Ton mehrfach an derselben Stelle steht.

Hinweise zu den Aufgaben

Zu 4:   Man hat sich zu überlegen, wie die Melodie 21453678 aus ihrem Vorgänger gewonnen
         wurde. (Zum Schluß wurden die Töne 6, 7 und 8 an 21453 angehängt.)

Zu 5.a bis c: Kehren Sie den Algorithmus zur Bestimmung der Stellennummer einer n – Ton –
         Melodie geeignet um. (In Teil a) etwa ist nach einer 4 – Ton – Melodie gefragt, ihr höch-
         ster Ton ist daher 4. Seine PLATZNUMMER ergibt sich aus 13 = 3·4 + 1.)

       d: Ein rekusiver Algorithmus spielt die Aufgabe für eine n – Ton – Melodie auf dieselbe
         Aufgabe für eine (n – 1) – Ton – Melodie zurück. Man nutze dazu die Struktur der Formel
         aus dem Stellennummer – Algorithmus aus.

Zu 6: L_4 enthält 4! = 24 Melodien, also ist die Melodie zur Stellennummer 12 zu finden. Beachte
         für den allgemeinen Fall, daß $\frac{1}{2}$ n! für n › 2 stets durch n teilbar ist.

1.3 Lotto spielen und Verwandtes

Im folgenden behandeln wir einige Abzählprobleme, die auf den ersten Blick wenig
miteinander zu tun haben. Die Produktregel, die wir im ersten Abschnitt kennen-
gelernt haben, wird sich dabei als nützlich erweisen.

Lotto spielen

Glücksspiele von der Art des Zahlenlottos sind schon seit langem bekannt. Als ihr
Erfinder gilt Bennedetto Gentile (um 1600). Bei seinem Genueser Spiel waren 5 von
100 Zahlen anzukreuzen; beim heutigen Zahlenlotto sind es *6 aus 49*.

Wie viele Lottoscheine, d.h. Blöcke à 49 Felder, müßten Sie ausfüllen, um sicher zu sein, bei einer Ziehung 6 Richtige zu haben?

Sie müssen so viele Lottoscheine ausfüllen, wie es Möglichkeiten gibt, 6 von 49 Zahlen anzukreuzen. Für diese gesuchte Anzahl schreiben wir kurz L(6,49) und nennen sie die Lottozahl für *6 aus 49*.

Bereits die Höhe des ausgeschütteten Gewinns weist darauf hin, daß L(6,49) sehr groß sein muß. Um die Zahl L(6,49) zu berechnen, verfahren wir rekusiv, indem wir fragen, auf welche Weise sich ein *6 aus 49* – Lottospiel auf Scheinen mit nur 48 Feldern spielen läßt. Jedes *6 aus 48* – Spiel, z.B.

```
 1  2  3  4  5  6  7
 8  X 10 11 12 13 14
15 16 17  X 19 20 21
22 23 24 25 26 27  X
29 30  X 32 33 34 35
36 37 38 39 40  X 42
43 44 45 46  X 48
```

läßt sich zugleich als ein *6 aus 49* – Spiel auffassen, in dem das letzte Feld frei bleibt, in unserem Beispiel:

```
 1  2  3  4  5  6  7
 8  X 10 11 12 13 14
15 16 17  X 19 20 21
22 23 24 25 26 27  X
29 30  X 32 33 34 35
36 37 38 39 40  X 42
43 44 45 46  X 48 49
```

Die Tippscheine mit einem Kreuz im 49sten Feld entstehen allerdings nicht auf diese Weise; sie erhält man durch Ankreuzen von 5 der verbleibenden 48 Felder. Das *6 aus 49* – Spiel läßt sich also mit zwei Scheinen zu je 48 Feldern spielen, wenn man auf dem einen 5 und auf dem anderen 6 Felder ankreuzt. Die Gesamtanzahl der *6 aus 49* – Spiele ergibt sich nun nach der *Summenregel* aus den Anzahlen L(6,48) und L(5,48):

$$L(6,49) = L(5,48) + L(6,48).$$

In derselben Weise läßt sich jedes Lottospiel auf ein Spiel mit Scheinen zurück-führen, deren Felderanzahl um eins vermindert ist. So entsteht beispielsweise ein *3 aus 7* – Spiel entweder aus einem *3 aus 6* – oder aus einem *2 aus 6* – Spiel, d.h. es gilt L(3,7) = L(2,6) + L(3,6). (Warum?)

Entsprechend gilt allgemein die Rekursionsformel

$$L(k,n) = L(k-1,n-1) + L(k,n-1).$$

Da es jeweils nur eine einzige Möglichkeit gibt, in einem Spiel keine Zahl bzw. alle Zahlen anzukreuzen, ist sowohl L(0,n) als auch L(n,n) gleich eins. *Damit sind unsere Lottozahlen rekursiv beschrieben durch*

(1)
$$L(0,n) = 1, \quad L(n,n) = 1$$
$$L(k,n) = L(k-1,n-1) + L(k,n-1)$$

Die Methode, Anzahlprobleme rekursiv zu lösen, wird uns in diesem Buch noch oft begegnen.

Nun können wir jede Lottozahl L(k,n) schrittweise berechnen, indem wir jeweils Lottozahlen verwenden, die uns bereits bekannt sind. Beginnend mit L(0,1) = 1 und L(1,1) = 1 gewinnt man L(1,2), im Bild:

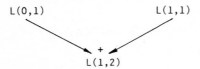

Und weiter gewinnt man L(1,3) aus L(0,2) = 1 und L(1,2) = 2, im Bild:

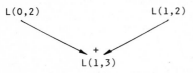

So fährt man fort. Im allgemeinen Fall:

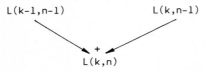

Die so entstehenden Teildreiecke setzen wir zu folgendem Dreiecksschema zusammen:

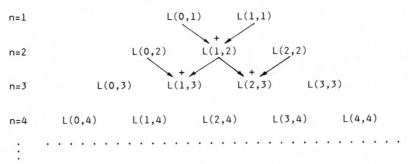

Die Berechnung der Teildreiecke von oben nach unten und von außen nach innen führt unter Berücksichtigung der Randbedingungen aus (1) zu folgendem Zahlenschema:

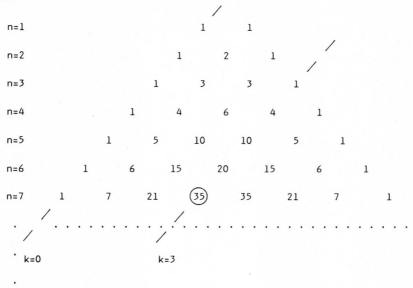

Zum Beispiel steht die Lottozahl L(3,7) = 35 in diesem Schema in der siebten Zeile an der (3 + 1) - ten Stelle. Wo würde L(6,49) stehen? Sie müßten das Zahlenschema bis zur 49sten Zeile fortsetzen, um den Zahlenwert von L(6,49) zu bestimmen und damit unsere Ausgangsfrage zu beantworten. Dies wäre eine ermüdende Aufgabe; wir suchen deshalb für die Berechnung von L(k,n) eine Formel, die uns mit weniger Rechenschritten den Zahlenwert liefert. Eine solche Formel werden wir beim nächsten Abzählproblem dieses Abschnitts finden.

Wie erklärt sich eigentlich die Symmetrie des obigen Zahlenschemas? Beispielsweise tritt die Zahl 5 in der fünften Zeile sowohl an der zweiten wie an der vorletzten Stelle auf (genauso wie etwa 15 in der sechsten Zeile an dritter und drittletzter Stelle). Wie kommt das; warum ist also beispielsweise L(1,5) = L(5 – 1,5)?

Statt auf einem 5er – Schein *eine* Zahl anzukreuzen, kann man ebensogut die vier Zahlen nennen, die nicht angekreuzt werden. Also gibt es ebensoviele Möglichkeiten, eine wie vier Zahlen anzukreuzen, d.h. L(1,5) = L(4,5). Diese Überlegung gilt allgemein:

(2) L(k,n) = L(n-k,n)

Vielecke auswählen

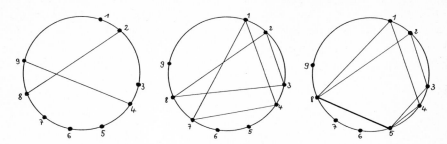

Auf einem Kreis sind neun Punkte festgelegt (s. Figur). Wie viele Möglichkeiten gibt es, jeweils zwei dieser Punkte durch eine Sehne zu verbinden? Wie viele Drei-ecke, Vierecke, (nicht überschlagene) Fünfecke usw. lassen sich dem Kreis einbe-schreiben, wenn ihre Eckpunkte nur aus den vorgegebenen Punkten ausgewählt werden dürfen? Die Figur zeigt Beispiele für solche Sehnen, Dreiecke und Vier-ecke.

Betrachten wir zunächst die Dreiecke. Wir bezeichnen die gesuchte Anzahl mit A(3,9) und nennen sie die Auswahlzahl für *3 aus 9*.

Ein Dreieck gewinnt man durch Auswahl von 3 der 9 Punkte. Für die erste Ecke bestehen 9, für die zweite dann 8 und für die letzte 7 Wahlmöglichkeiten, insgesamt hat man also nach vertrauter Anwendung der Produktregel 9·8·7 Möglichkeiten. Stimmt das eigentlich?

Nehmen wir ein Beispiel. Wir wählen nacheinander die Punkte 1, 3 und 8:

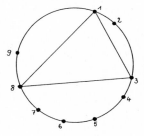

Zu demselben Dreieck wäre man aber auch gekommen, wenn man nacheinander z.B. die Punkte 3, 8, 1 gewählt hätte. Wir müssen uns also überlegen, auf wie viele

Arten wir ein und dasselbe Dreieck auf diese Weise erhalten können. Da die
Reihenfolge der Wahl der Eckpunkte keine Rolle spielt, sind es so viele Arten, wie
es Permutationen von 3 Elementen gibt, also 3!. Das Ergebnis $9 \cdot 8 \cdot 7$ kam also
dadurch zustande, daß man jedes Dreieck (3!) – fach gezählt hat. Also ist nach der
Produktregel

$$A(3,9) \cdot 3! = 9 \cdot 8 \cdot 7$$

und daher

$$A(3,9) = \frac{9 \cdot 8 \cdot 7}{3!} \quad .$$

Mit demselben Argument (welches?) gibt es

$$A(5,9) = \frac{9 \cdot 8 \cdot 7 \cdot 6 \cdot 5}{5!}$$

Möglichkeiten, Fünfecke auszuwählen.

Durch unsere Lösungsstrategie haben wir nun sogar ein allgemeineres Problem ge—
löst: *Es gibt*

$$(3) \qquad A(k,n) = \frac{n \cdot (n-1) \cdot \ \ldots \ \cdot (n-k+1)}{k!}$$

Möglichkeiten, k – Ecke aus n Punkten auf einem Kreis auszuwählen.

Berechnen Sie $A(2,4)$, $A(3,6)$, $A(5,7)$, und vergleichen Sie die Ergebnisse mit den
Lottozahlen.

Sind Auswahl – und Lottozahlen etwa dieselben Zahlen? Natürlich, denn für die
Anzahlfrage macht es keinen Unterschied, ob man Vielecke auswählt oder Lottoscheine ausfüllt. Es ist nämlich gleichgültig, ob man aus 9 Punkten 5 auswählt oder
von 9 Zahlen 5 ankreuzt. Also gilt $A(5,9) = L(5,9)$ und allgemein:

$$A(k,n) = L(k,n) \quad .$$

Man nennt die als gleich erkannten Zahlen *Pascalzahlen* nach dem französischen
Mathematiker Blaise Pascal (1632 – 1662) und verwendet für sie das Symbol

$$\binom{n}{k} \qquad \qquad \text{(lies: n über k)}.$$

Somit haben wir ganz nebenbei auch für die Lottozahlen eine explizite Darstellung
gefunden:

$$(3') \qquad L(k,n) = \frac{n \cdot (n-1) \cdot \ \ldots \ \cdot (n-k+1)}{k!} \quad .$$

Nun sind wir endlich in der Lage, die Lottozahl L(6,49) nach einer Formel zu berechnen:

$$L(6,49) = \frac{49 \cdot 48 \cdot 47 \cdot 46 \cdot 45 \cdot 44}{1 \cdot 2 \cdot 3 \cdot 4 \cdot 5 \cdot 6} = 13\ 983\ 816.$$

Knapp 14 Millionen Lottoscheine müßten Sie also ausfüllen, um sicher zu sein, einmal 6 Richtige zu haben. (Keine Kleinigkeit!)

Taxi fahren

Die Figur zeigt – nahezu originalgetreu – den Stadtplan der Mannheimer Innenstadt:

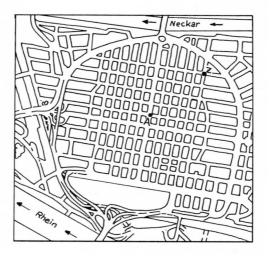

Auf wie vielen Wegen kann man vom Taxistand A zum Ziel Z gelangen, wenn keine Umwege gefahren werden?

Wir deuten die Straßenkreuzungen als Gitterpunkte eines Koordinatensystems mit Ursprung in A. Die Anzahl der verschiedenen kürzesten Wege von A zum Punkt (k,n) nennen wir die Wegezahl W(k,n). Im Bild sind zwei Wege von A nach Z eingezeichnet:

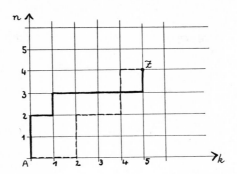

Auf wie viele Weisen kommt man z.B. zum Punkt (5,4)? Nach (5,4) kann man ohne Umweg nur entweder über den Punkt (4,4) oder den Punkt (5,3) gelangen:

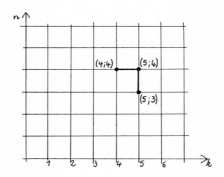

Nach der Summenregel gilt daher:

$$W(5,4) = W(4,4) + W(5,3).$$

Allgemein ergibt sich die Wegezahl $W(k,n)$ als Summe der Wegezahlen der unmittelbar vor (k,n) liegenden Punkte. Zusammen mit den Randbedingungen erhält man als rekursive Beschreibung der Wegezahlen:

(4)
$$W(k,0) = 1, \quad W(0,n) = 1,$$
$$W(k,n) = W(k-1,n) + W(k,n-1).$$

Hieraus lassen sich die Wegezahlen ähnlich wie vorher die Lottozahlen sukzessive berechnen:

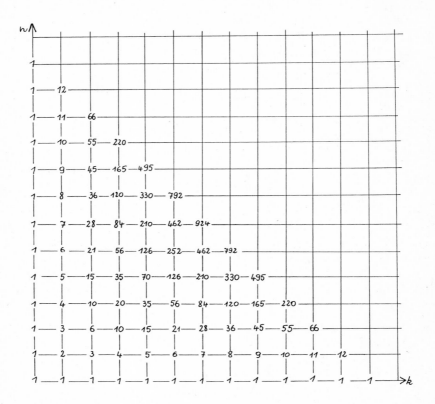

Ist es Zufall, daß hier dieselben Zahlen wie beim Lottospielen auftreten?

Zur Klärung diese Zusammenhangs begleiten wir einen Taxifahrer auf seiner Fahrt von A zum Punkt (3,4). Bei jedem Kreuzungspunkt entscheidet er, ob er nach rechts oder nach oben fahren will. Um seinen Weg festzuhalten, numeriert er die Kreuzungen durch, die er passiert:

    1 2 3 . . .

Er macht immer dann ein Kreuz, wenn er nach rechts abbiegt, und erhält als Fahrtprotokoll:

    ✗ 2 3 ✗ 5 ✗ 7

Die Figur zeigt den zugehörigen Weg:

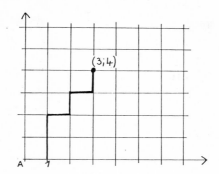

Jeder andere Weg nach (3,4) hätte übrigens auch zu einem 7 – Felder – Fahrtproto-koll mit 3 Kreuzen geführt (warum?). Der Taxifahrer entdeckt: *Fahrtprotokolle führen und Lottoscheine ausfüllen ist "ein und dieselbe" Tätigkeit.* Denn: Zu jedem Weg nach (3,4) gehört genau ein *3 aus 7 –* Spiel und umgekehrt.

Also gibt es ebenso viele Wege zum Punkt (3,4) wie es *3 aus 7 –* Spiele gibt, d.h. es ist

$$W(3,4) = L(3,7) = \binom{7}{3}$$

Entsprechend gilt allgemein:

$$W(k,n) = L(k,n+k) = \binom{n+k}{k} \ .$$

Aufgaben

Wir beginnen mit einigen Aufgaben, die sich unmittelbar auf den Text beziehen.

1. Unsere Überlegung zu Beginn des Abschnitts ist unabhängig davon, daß das 49. Feld ausgezeichnet wurde; jedes andere Feld hätte es auch getan.
a) Zeige, daß sich jedes *k aus n –* Spiel auf einem Schein mit nur n – 1 Feldern spielen läßt und begründe auf diese Weise allgemein die Rekursionsgleichung

$$L(k,n) = L(k-1,n-1) + L(k,n-1).$$

b) Berechne die Lottozahlen L(7,9) und L(5,11).

2.a) Man begründe die Symmetrie L(k,n) = L(n – k,n) der Lottozahlen allgemein.
b) Für die Auswahlzahlen A(k,n) gilt, wie wir wissen, dieselbe Symmetrie. Wie ist sie hier zu begründen?
c) Wie ist sie für die Wegezahlen W(k,n) zu formulieren?
3.a) Mit welchem Produktregelargument läßt sich die Formel

$$A(k,n) = \frac{n \cdot (n-1) \cdot \ \ldots \ \cdot (n-k+1)}{k!}$$

allgemein begründen?
b) Wie sieht das Argument für die Lottozahlen aus?
4. Auf einem unendlich ausgedehnten Schachbrett steht ein Bauer in (0,0) (siehe Figur), der mit jedem Zug schlägt. Warum kann er z.B. das Feld (3,7) auf genau $\binom{7}{3}$ Arten erreichen?

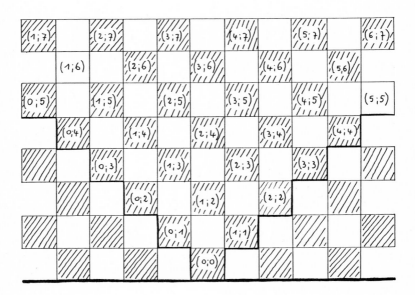

5. Schlägt man in ein Holzbrett nach dem Muster der Figur Nägel ein, so erhält man ein *Galtonbrett* (nach F. Galton, 1822 – 1911).
a) Auf wie vielen Wegen kann eine Kugel vom Trichter in den Behälter Nummer 3 gelangen?
b) Auf wie vielen Wegen kann eine Kugel durch das Galtonbrett fallen?
c) Welcher Zusammenhang besteht zu Aufgabe 4?

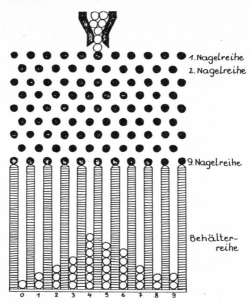

Weiterführende Aufgaben

6. In einer Stadt gibt es 2 400 Telefonanschlüsse. Wie viele Verbindungen können (natürlich nicht gleichzeitig) zustandekommen?

7. Können Sie den unterstrichenen Satz aus nachfolgendem Zeitungsartikel ("Neue Westfälische" vom 26.9.81) begründen?

„7 aus 38" für 50 Pfennig ab Frühjahr 1982

Lotto: Neuer Billig-Tip mit 1,5 Mio. Höchstgewinn

Hamburg (dpa). Das von den Lotteriereferenten der Länder am Donnerstagabend in Hannover empfohlene neue Spiel „7 aus 38" wird für einen Einsatz von 50 Pfennig einen Höchstgewinn von 1,5 Millionen Mark haben.

Eine endgültige Entscheidung über das neue Spiel, das das endgültige „Aus" für das alte 50-Pfennig-Lotto bedeutet, wird nach einer Mitteilung der Saarland Sporttoto GmbH am 30. September bei der Versammlung der elf Lotto- und Totogesellschaften der Länder in Wiesbaden fallen. Das Kieler Innenministerium erklärte weiter, der 50-Pfennig-Tip pro Kästchen werde, weil neue Computerprogramme entwickelt werden müßten, erst im Frühjahr 1982 eingeführt werden können.

Wie es aus Kreisen des Saarland-

Lottos hieß, soll es bei dem neuen Tip keinen „Dreier", sondern erst bei vier Richtigen einen Gewinn geben, der bei sieben Mark liegen soll. Das „Spiel 77" soll auch bei „7 aus 38" zwei Mark kosten. <u>Zu dem „7 aus 38"-Tip sei man gekommen, hieß es aus Hannover, weil man dabei der Gewinnquote des herkömmlichen Spiels sehr nahe komme.</u>

Das seit 4. Juli 1981 eingeführte und lange umstrittene „6 aus 49"-Lotto mit dem verdoppelten Einsatz von einer Mark pro Kästchen und einem Höchstgewinn von 3 Mio. DM bleibt bestehen.

8.a) Auf wie viele Arten kann eine Gruppe von 14 Personen einen Siebener –
Ausschuß aus ihrer Mitte wählen?
b) Auf wie viele Arten kann dieselbe Gruppe, die aus 8 Frauen und 6 Männern
besteht, einen Ausschuß mit 4 Frauen und 3 Männern wählen?
9. Wie viele verschiedene Skat – Blätter mit genau zwei Buben gibt es? (Ein Skat–
spiel hat 32 Karten, ein Blatt 10.)
10. A wohnt in (0,0) und arbeitet in (8,8). Seine Arbeitskollegin B wohnt in (4,4).
A fährt jeden Morgen zur Arbeit und nimmt auf dem Wege B mit. Auf wie viele
Arten kann er das tun?

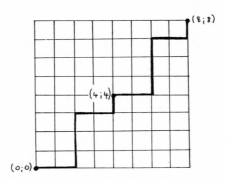

11.a) Zum Punkt (7,7) kann man vom Nullpunkt nur über einen der eingezeich-
neten Kontrollpunkte gelangen. Wie viele Wege zum Punkt (7,7) gibt es, die über
den Kontrollpunkt (2,5) laufen?

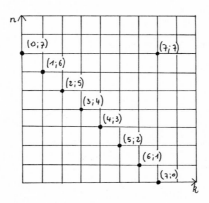

b) Wie läßt sich die Gesamtzahl der Wege nach (7,7) mit Hilfe der Anzahlen der
Wege über jeden einzelnen Kontrollpunkt schreiben? Welche Formel ergibt sich für
W (7,7)?
c) Wie läßt sich die in b) gewonnene Formel mit Pascalzahlen schreiben? Welche
allgemeine Formel gilt demnach?

12. Aus n Männern und n Frauen soll ein n – köpfiger Ausschuß gewählt werden. Man drücke die Anzahl der Möglichkeiten auf zwei Arten aus und begründe damit die Formel

$$\binom{2n}{n} = \binom{n}{0}^2 + \binom{n}{1}^2 + \binom{n}{2}^2 + \ldots + \binom{n}{n-1}^2 + \binom{n}{n}^2.$$

13. Auf wie viele verschiedene Arten kann man beim Lotto (*6 aus 49*)
a) 3 Richtige (Gewinnklasse V)
b) 4 Richtige (Gewinnklasse IV)
c) 5 Richtige (Gewinnklasse III)
d) 5 Richtige mit Zusatzzahl (Gewinnklasse II)
erzielen?

14.a) Wenn man einen Lottoschein (*6 aus 49*) ausfüllt, hat man in jedem Fall entweder 0 Richtige oder 1 oder 2 ... oder 6 Richtige. $R(2)$ bezeichne z.B. die Anzahl der Scheine mit 2 Richtigen. Wie läßt sich die Gesamtzahl der Lottoscheine, also die Zahl $L(6,49)$, aus den Zahlen $R(0)$, $R(1)$, ..., $R(6)$ gewinnen?
b) Wie läßt sich das Resultat von a) verallgemeinern?

15.a) Wie viele Möglichkeiten hat man, aus den Zahlen 1, 2, ..., 100 zwei so aus-zuwählen, daß ihre Summe gerade (ungerade) ist?
b) Man begründe ohne Rechnung mit einer kombinatorischen Überlegung die Formel

$$\binom{2n}{2} = 2 \cdot \binom{n}{2} + n^2.$$

c) Beweise dieselbe Formel unter Verwendung der expliziten Darstellung der Pascalzahlen.

16. Kennen Sie die binomischen Formeln

$$(a + b)^2 = a^2 + 2ab + b^2$$

$$(a + b)^3 = a^3 + 3a^2b + 3ab^2 + b^3 ?$$

Entwickeln Sie ebenso $(a + b)^4$! Wir schreiben die Koeffizienten der Entwicklungen getrennt auf:

$$
\begin{array}{ccccccc}
 & & 1 & 2 & 1 & & \\
 & 1 & & 3 & & 3 & & 1 \\
1 & & 4 & & 6 & & 4 & & 1
\end{array}
$$

Woran erinnert Sie das? – Wir fragen: Was hat die Entwicklung des Binoms $(a + b)^n$ mit den Pascalzahlen $\binom{n}{k}$ zu tun?

a) Wie oft tritt beispielsweise beim Ausmultiplizieren von $(a + b)^{30} = (a + b) \cdot (a + b) \cdot \cdot (a + b) \cdot \ldots \cdot (a + b)$ der Summand $a^{10} \cdot b^{20}$ auf?
b) Wie oft tritt also bei der Entwicklung von $(a + b)^n$ der Summand $a^{n-k} \cdot b^k$ auf?
c) Wegen b) gilt

$$(a+b)^n = \binom{n}{0}a^n b^0 + \binom{n}{1}a^{n-1}b^1 + \binom{n}{2}a^{n-2}b^2 + \ldots + \binom{n}{n-1}a^1 b^{n-1} + \binom{n}{n}a^0 b^n.$$

Sind auf der rechten Seite wirklich alle Summanden erfaßt?

d) Warum entstehen beim Ausmultiplizieren von $(a + b)^n$ gerade 2^n Summanden und wieso gilt deshalb

$$\binom{n}{0} + \binom{n}{1} + \cdots + \binom{n}{n-1} + \binom{n}{n} = 2^n \ ?$$

Dieses Ergebnis gestattet eine vielleicht unerwartete Deutung: Zu einer n – elementigen Menge gibt es $\binom{n}{0}$ 0 – elementige, $\binom{n}{1}$ 1 – elementige, $\binom{n}{2}$ 2 – elementige, ... und $\binom{n}{n}$ n – elementige Teilmengen. Nach der Summenregel hat eine n – elementige Menge somit insgesamt 2^n Teilmengen.

e) Man zeige:

$$\binom{n}{0} - \binom{n}{1} + \binom{n}{2} - \binom{n}{3} + \cdots + (-1)^n \binom{n}{n} = 0.$$

Blaise Pascal (1623 – 1662) stellte sein Zahlendreieck (siehe Seite 33) in einer Arbeit vor ("Traité du Triangle Arithmétique"), die erst nach seinem Tode veröffentlicht wurde (1665). Jedoch erschien dieses Dreieck bereits in früheren Arbeiten, die Pascal vermutlich nicht bekannt waren, so etwa in Chu Shih – Chieh's "Ssu Yuan Yii Chien" aus dem Jahre 1303:

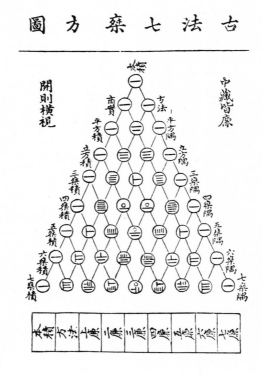

Mit diesem Zahlendreieck beschäftigen sich die nächsten beiden Aufgaben.

17. Summiert man im Pascalschen Dreieck die in einer Diagonale stehenden Zahlen bis zu einer bestimmten Stelle auf, etwa die auf Seite 33 in der dritten Diagonalen stehenden Zahlen 1, 3, 6, 10, 15 bis 21, so erhält man wieder eine Pascalzahl, im Beispiel 56. Man formuliere diese Eigenschaft und beweise sie.

18. Die Formel aus Aufgabe 12 ist ein Spezialfall der Beziehung

$$\binom{m+n}{n} = \binom{m}{0}\cdot\binom{n}{0} + \binom{m}{1}\cdot\binom{n}{1} + \cdots + \binom{m}{n}\cdot\binom{n}{n} , \quad n \leqq m.$$

Man interpretiere diese Formel im Pascalschen Dreieck und beweise sie.

19. Auf wie viele Arten lassen sich die Felder eines 4×4 – Brettes (Figur) färben, wenn

a) nur die Farben schwarz und weiß zur Verfügung stehen,

b) 2 Felder schwarz, 4 weiß und 10 rot gefärbt werden?

20.a) Zeige: Ist n gerade, so wird der größte Wert der Zahlen $\binom{n}{k}$ für $k = \frac{n}{2}$ erreicht.

b) Man benutze die Stirling – Formel, um die Näherung

$$\binom{n}{n/2} \approx \frac{2^{n+1}}{\sqrt{2\pi n}}$$

für große n zu gewinnen.

21.a) Auf wie viele Weisen lassen sich k Freikarten unter n Kinder verteilen, wenn jedes von ihnen wenigstens eine Karte erhalten soll?

b) Auf wie viele Arten lassen sich die k Karten verteilen, wenn auch Kinder keine Karte erhalten dürfen?

Das Ergebnis aus Teil b) gibt zugleich an, auf wie viele Arten sich die Gleichung

$$e_1 + \cdots + e_n = k$$

mit ganzzahligen e_i, $0 \leqq e_i \leqq k$, lösen läßt (e_i sagt, wie viele Karten das i – te Kind bekommt). Eine weitere Interpretation: Auswahl von k Objekten aus n Objekten, wenn die Reihenfolge keine Rolle spielt und Wiederholungen erlaubt sind (e_i gibt dann an, wie oft das i – te der n Objekte gewählt wird).

22. Auf wie viele Weisen lassen sich 2n Personen in n Zweiergruppen einteilen?

23. Unfallraten an Kreuzungen hängen wesentlich von der Anzahl möglicher Kollisionen ab. Wir untersuchen verschiedene Typen von Straßenkreuzungen.
a) Wenn 5 Straßen wie in der Figur aufeinandertreffen und ein Fahrzeug von jeder
dieser Straßen zu jeder anderen fahren kann, so sind 5 Kollisionen möglich: 1 – 3
mit 2 – 4, 1 – 3 mit 2 – 5, 1 – 4 mit 2 – 5, 1 – 4 mit 3 – 5 und 2 – 4 mit 3 – 5. Zeige:
Bei n Straßen gibt es $\binom{n}{4}$ mögliche Kollisionen.

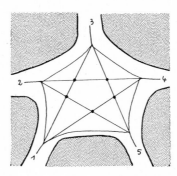

b) Der Ansatz in a) läßt außer Acht, daß der Verkehr auf jeder Straße in beiden
Richtungen fließen kann. Unter dieser (realistischeren) Annahme gibt es deutlich
mehr mögliche Kollisionen (vgl. für n = 5 die Figur). Zeige: Bei n Straßen sind dann

$$4 \cdot \binom{n}{4} + n \cdot (1+2+ \ldots +(n-2))$$

Kollisionen möglich.

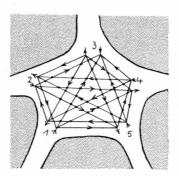

c) Das Ergebnis aus b) läßt sich umformen zu $n \cdot \binom{n}{3}$.
d) Noch etwas komplizierter wird es, wenn wir statt der Kreuzung einen Kreisverkehr mit n Zufahrtsstraßen betrachten (vgl. für n = 5 die Figur). Dann nämlich gibt
es für einige Wegepaare – bei einer Fahrtrichtung – statt nur einer sogar zwei
mögliche Kollisionen (wie etwa für 2 – 4 und 5 – 1). Zeige: Insgesamt gibt es bei
einem Kreisverkehr mit n Straßen

$$n \cdot \binom{n}{3} + 2 \cdot \frac{1}{2} n \cdot \binom{n-1}{3}$$

mögliche Kollisionen.

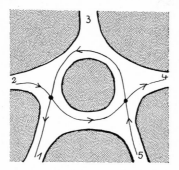

e) Das Ergebnis aus d) läßt sich umformen zu $(2n-3) \cdot \binom{n}{3}$.

Ob Kreuzung oder Kreisverkehr, die Anzahl möglicher Kollisionen nimmt mit wachsendem n schnell zu (vgl. die Ergebnisse in c) und e). Eine Möglichkeit, diesen Effekt zu entschärfen, ist zum Beispiel der Vorschlag, aus einem Kreisverkehr mit n Zufahrten n − 2 Kreise mit je 3 Zufahrten zu machen:

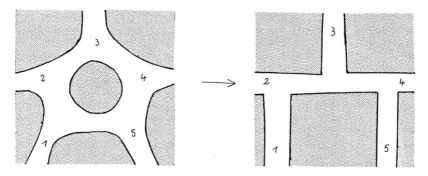

Dies senkt die Anzahl möglicher Kollisionen von $(2n-3) \cdot \binom{n}{3}$ auf $(n-2) \cdot 3 \cdot \binom{3}{3} = 3n-6$; ein beachtlicher Erfolg, wie die folgende Tabelle zeigt:

n	3	4	5	6	7	8
$(2n-3) \cdot \binom{n}{3}$	3	20	70	180	385	728
$3n-6$	3	6	9	12	15	18

Durch die Aufspaltung des "großen" Kreisverkehrs in "kleinere" wird also die Unfallrate günstig beeinflußt (die Auftragslage der Straßenbauer allerdings auch).

24. Vor Ihnen liegen sämtliche 13 983 816 mögliche Tips eines *6 aus 49* – Zahlenlottos. Auf wie vielen dieser Scheine sind mindestens zwei angekreuzte Zahlen benachbart? Beispielsweise ist 2,5,18,19,27,35 ein solcher Tip.

25. * Ein Kartenspiel besteht nur aus Karten mit den Ziffern 1 bis 9. Ein Zauberer bittet einen Zuschauer, 10 Karten mit dem Bild nach oben nebeneinander zu legen. Er erläutert ihm, nach welcher Regel die nächsten Kartenreihen zu legen sind: Über je zwei Karten legt man eine neue. Ihr Zahlenwert ergibt sich aus der Summe der beiden darunterliegenden; gegebenenfalls subtrahiert man 9. Beispiel:

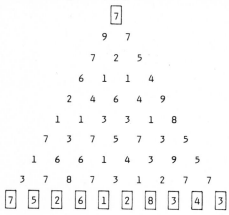

Der Zuschauer hat die Legevorschrift verstanden, legt seine erste Reihe und hat die zweite noch nicht ganz fertig, da zeigt ihm der Zauberer schon die Gipfelkarte, die sich bei diesem Spiel ergeben wird. Der Zuschauer rechnet und legt unbeirrt weiter. Schließlich kommt er zu der vorausgesagten Karte. Er staunt und fragt sich, wie macht der Zauberer das? Kriegen Sie den Trick heraus?

Wie berechnet man die Pascalzahl $\binom{78}{72}$ möglichst günstig mit dem Taschenrechner?

Nun, zunächst ist $\binom{78}{72}$ wegen der Symmetrie der Pascalzahlen gleich $\binom{78}{6}$. Um anschließend den Bruch

$$\frac{78\cdot 77\cdot 76\cdot 75\cdot 74\cdot 73}{1\cdot 2\cdot 3\cdot 4\cdot 5\cdot 6}$$

zu berechnen, könnte man Zähler und Nenner einzeln ausrechnen und dann dividieren. Zur Vermeidung großer Zahlenwerte ist es allerdings geschickter, den Bruch im "Zick – Zack" abzuarbeiten, d.h. nach jeder Multiplikation im Zähler eine Division mit dem darunterstehenden Faktor des Nenners auszuführen:

$$\frac{78\cdot77\cdot76\cdot75\cdot74\cdot73}{1\cdot2\cdot3\cdot4\cdot5\cdot6}$$

Dabei entstehen unterwegs als Zwischenergebnisse noch die Pascalzahlen $\binom{78}{1}$, $\binom{78}{2}$, ... $\binom{78}{5}$, z.B. ist

$$\frac{78\cdot77\cdot76}{1\cdot2\cdot3} = \binom{78}{3}.$$

Deshalb ergibt übrigens auch jeder Divisionsschritt wieder eine natürliche Zahl!

Die oben genutzte Symmetriebeziehung $\binom{n}{k} = \binom{n}{n-k}$ vereinfacht die Berechnung von $\binom{n}{k}$ immer dann, wenn – wie im Beispiel – $n-k < k$, d.h. wenn $k > \frac{n}{2}$ ist. Ansonsten geht es wie oben im Zick – Zack:

$$\frac{n\cdot(n-1)\cdot(n-2)\cdot\ ...\ \cdot(n-k+1)}{1\cdot2\cdot3\cdot\ ...\ \cdot k}$$

und man gewinnt schrittweise die Pascalzahlen $\binom{n}{0}$, $\binom{n}{1}$, ..., $\binom{n}{k}$. Könnten Sie für dieses Verfahren einen Algorithmus schreiben?

Zum Vergleich: Berechnet man $\binom{78}{6}$ rekursiv über die Rekursionsformel

$$\binom{n}{k} = \binom{n-1}{k} + \binom{n-1}{k-1},$$

so wird der Operator "UEBER" (s. das Programm – Paket "pascal" am Ende des Buches) $[2\cdot\binom{78}{6} - 1]$ – mal aufgerufen, d.h. mehr als eine halbe Milliarde Mal. Dieser Weg ist also wenig empfehlenswert!

26. Man berechne die Pascalzahlen $\binom{49}{6}$ und $\binom{100}{91}$.

27. Man berechne alle Pascalzahlen der siebten Zeile des Pascalschen Dreiecks.

28. Die Tabelle zeigt, wie man sämtliche $\binom{7}{3}$ dreielementigen Teilmengen der Menge $\{1,2,3,4,5,6,7\}$ auflisten kann.

lfd. Nr.	0-1-Vektor	Elemente		
01	1110000	1	2	3
02	1101000	1	2	4
03	1100100	1	2	5
04	1100010	1	2	6
05	1100001	1	2	7
06	1011000	1	3	4
07	1010100	1	3	5
08	1010010	1	3	6
09	1010001	1	3	7

10	1001100	1	4	5
11	1001010	1	4	6
.	.	.	.	.
.	.	.	.	.
.	.	.	.	.

Wesentliches Hilfsmittel ist der in Spalte 2 angegebene "0 – 1 – Vektor". Die jeweiligen Elemente stehen in Spalte 3.

a) Welchen Nachfolger hat die Teilmenge $\{2,6,7\}$?

b) Formulieren Sie einen allgemeinen Algorithmus, mit dem man bei vorgegebenen Werten von n und k den jeweiligen Nachfolger einer k – elementigen Menge bestimmen kann.

c) Man überzeuge sich von der Richtigkeit der Aussage: Zum Nachfolger einer Teilmenge kommt man auch, indem man zum Komplement der Teilmenge den Vorgänger sucht und anschließend wieder zum Komplement übergeht.

Hinweise zu den Aufgaben

Zu 4:   Lösen Sie das Problem rekursiv!

Zu 5.a: Was hat das Fallen der Kugel mit dem *3 aus 9* – Lottospiel zu tun?

   b: Die Kugel wird bei jeder Nagelreihe nach rechts oder nach links abgelenkt.

Zu 9:   Man überlege sich für einen bestimmten Spieler, auf wie viele Weisen er 2 von 4 Buben und die restlichen 8 Karten erhalten kann.

Zu 10:   Jeder Weg von $(0,0)$ nach $(4,4)$ läßt sich mit jedem Weg von $(4,4)$ nach $(8,8)$ kombinieren.

Zu 11.a: Denken Sie sich zur Berechnung der Anzahl der Wege von $(2,5)$ nach $(7,7)$ den Ursprung nach $(2,5)$ verlegt.

   b: Wenden Sie die Summenregel an.

   c: Beachten Sie die Symmetriebedingung $\binom{n}{k} = \binom{n}{n-k}$. Das allgemeine Ergebnis läßt sich mit nur einer Variablen formulieren.

Zu 12:   Z.B. kann man 2 Männer und $n-2$ Frauen in den Ausschuß wählen. Auf wie viele verschiedene Arten geht das? Welche Fälle bleiben?

Zu 13:   Stellen Sie sich vor, daß die 6 richtigen Zahlen auf dem Lottoschein markiert sind.

Zu 14.a: Verwenden Sie die Summenregel.

   b: Wie lassen sich die Anzahlen $R(0)$, $R(1)$, ..., $R(6)$ mit Hilfe der Pascalzahlen schreiben (vgl. Aufgabe 13?

Zu 15.a: Wann ist die Summe zweier natürlicher Zahlen gerade (ungerade)?

   b: Inwiefern ist a) ein Spezialfall der Gleichung in b), wenn man beachtet, daß die Summe irgend zweier ausgewählter Zahlen stets gerade oder ungerade ist?

Zu 16.a: Beim Ausmultiplizieren von $(a+b)^{30}$ entsteht ein Summand dadurch, daß man ein Glied des ersten Faktors mit einem Glied des zweiten, des dritten usw. multipliziert.

   e: Verwenden Sie c) für geeignetes a und b.

Zu 17:   Man beachte die Rekursionsgleichung für $\binom{n}{k}$!

Zu 18:   Man verfahre zum Beweis der Formel ähnlich wie in Aufgabe 12.

Zu 20.a: Bestätigen Sie zunächst die Formel $\binom{n}{k} = \frac{n-k-1}{k} \cdot \binom{n}{k-1}$; und begründen Sie damit, daß $\binom{n}{k}$ bis $k = \frac{n}{2}$ wächst und dann fällt.

   b: Man beachte, daß $\binom{n}{n/2} = \frac{n!}{(n/2)! \cdot (n/2)!}$ ist.

Zu 21.a: Denken Sie sich die k Karten auf einer langen Rolle aneinandergereiht. Wie viele Perforationen gibt es und wie viele davon müssen getrennt werden?

b: Borgen Sie sich n Karten, verteilen Sie die (k + n) Karten wie unter a) und erbitten Sie anschließend von jedem Kind eine Karte zurück.

Zu 22: Wählen Sie die Paare nacheinander aus. Ihr Ergebnis ist zu groß (warum?).

Zu 24: Berechnen Sie zuerst, auf wie vielen Scheinen keine benachbarten Zahlen angekreuzt sind.

Zu 25: Überlegen Sie sich, wie oft jeder Kartenwert der Ausgangsreihe als Summand zum Gipfelwert beiträgt.

Weitergehende Hinweise

Zu 10: Die Anzahl der Wege von (4,4) nach (8, 8) ist gleich der Anzahl der Wege von (0,0) nach (4,4) (warum?).

Zu 13: Um beispielsweise 3 Richtige zu erzielen, müssen 3 aus 6 (nämlich 3 aus den 6 Richtigen) und außerdem 3 aus 43 (nämlich 3 aus den 43 "Falschen") angekreuzt werden.

Zu 15.b: Zerlegen Sie die Menge der Zahlen 1, 2, ..., 100 in die Menge der geraden und ungeraden Zahlen. Dann ist für die Formel n = 50. Interpretieren Sie jetzt die beiden Seiten der Gleichung jeweils als verschieden gewonnenes Abzählergebnis desselben Problems.

c: $\binom{2n}{2} = \frac{2n(2n-1)}{2}$.

Zu 16.a: Wie viele Summanden gibt es, in denen die Zahl b genau 20 mal als Faktor auftritt?

e: Man setze in c) a = 1 und b = − 1.

Zu 22: Sie haben die Paare nacheinander, d.h. unter Beachtung der Reihenfolge, ausgewählt. Ihr Ergebnis ist also um den Faktor n! zu groß.

Wußten Sie, daß ein Pferd mindestens zwölf Beine hat? Nun, es hat zwei Beine vorn, zwei hinten, zwei auf jeder Seite und eins an jeder Ecke, und dabei sind noch nicht einmal die Beine am Boden berücksichtigt.

1.4 Gemeinsame Teiler

Nicht nur beim Abzählen von Beinen kann es zu Mehrfachzählungen kommen. Doch läßt sich der Fehler schrittweise korrigieren. Wir erarbeiten das Verfahren an einem Problem der Zahlentheorie.

Wie viele der natürlichen Zahlen von 1 bis 1200 haben mit 1200 gemeinsame Teiler?[1)]

---

1) Die Eins rechnen wir nicht zu den Teilern einer Zahl, sonst hätten *je* zwei Zahlen einen gemeinsamen Teiler.

Da 2, 3 und 5 die einzigen Primfaktoren von 1200 sind (1200 = $2^4 \cdot 3 \cdot 5^2$), sind genau die durch 2, 3 oder 5 teilbaren Zahlen zu zählen:

Wie viele der natürlichen Zahlen von 1 bis 1200 sind durch 2, 3 oder 5 teilbar?

Wir denken uns die Zahlen von 1 bis 1200 der Reihe nach aufgelistet:

    1 2 3 4 . . . 1200.

Wir kreuzen zunächst alle durch 2 teilbaren Zahlen an, dann die durch 3 und schließlich die durch 5 teilbaren. (Es wäre gut, wenn wir jetzt den Lademeister zum Kreuzchenmachen hätten …)

Im ersten Durchgang erhält jede zweite Zahl ein Kreuz, also insgesamt $\frac{1200}{2}$ Zahlen, im zweiten Durchgang jede dritte, insgesamt $\frac{1200}{3}$, im letzten jede fünfte, insgesamt daher $\frac{1200}{5}$ Zahlen. Das Kreuzchenbild zeigt, daß jedoch die Summe

$$\frac{1200}{2} + \frac{1200}{3} + \frac{1200}{5}$$

nicht die gesuchte Anzahl ist, da Zahlen mehrfach angekreuzt wurden. So wurde jede sechste Zahl beim ersten und zweiten Durchgang angekreuzt (insgesamt $\frac{1200}{2 \cdot 3}$), jede zehnte Zahl beim ersten und dritten ($\frac{1200}{2 \cdot 5}$) und jede fünfzehnte Zahl beim zweiten und dritten Durchgang ($\frac{1200}{3 \cdot 5}$ Zahlen). Doch auch die korrigierte Summe

$$\frac{1200}{2} + \frac{1200}{3} + \frac{1200}{5} - \frac{1200}{2 \cdot 3} - \frac{1200}{2 \cdot 5} - \frac{120}{3 \cdot 5}$$

ergibt noch nicht die richtige Anzahl, denn die sowohl durch 2, 3 als auch durch 5 teilbaren Zahlen (wie etwa die Zahl 30) sind einerseits zwar dreimal gezählt, andererseits jedoch bei der Korrektur dreimal berücksichtigt worden (die 30 ist sowohl durch 2 *und* 3 als auch durch 2 *und* 5 als auch durch 3 *und* 5 teilbar). Die Anzahl der sowohl durch 2, 3 als auch durch 5 teilbaren Zahlen muß daher wieder hinzugefügt werden. Da es $\frac{1200}{2 \cdot 3 \cdot 5}$ durch $2 \cdot 3 \cdot 5$ teilbare Zahlen bis 1200 gibt, sind insgesamt

$$\frac{1200}{2} + \frac{1200}{3} + \frac{1200}{5} - \frac{1200}{2 \cdot 3} - \frac{1200}{2 \cdot 5} - \frac{1200}{3 \cdot 5} + \frac{1200}{2 \cdot 3 \cdot 5}$$

$$= 600 + 400 + 240 - 200 - 120 - 80 + 40$$

= 880

der Zahlen von 1 bis 1200 durch 2, 3 oder 5 teilbar.

Machen wir uns rückblickend einmal klar, wie wir diese Anzahl gewonnen haben: Gewisse Vielfache wurden mehrfach in den Zählprozeß einbezogen und daher in einem weiteren Schritt wieder ausgeschlossen usw. Man nennt daher das entwickelte Abzählverfahren das *Prinzip vom Ein - und Ausschluß.*

Der im Beispiel entwickelte Zählprozeß läßt sich in eine Formel fassen. Bezeichnet A die Menge der durch 2 teilbaren Zahlen bis 1200, B die der durch 3 teilbaren und C die Menge der durch 5 teilbaren Zahlen bis zur Zahl 1200, so gilt

(1)
$$|A \cup B \cup C| = |A| + |B| + |C|$$
$$- |A \cap B| - |A \cap C| - |B \cap C|$$
$$+ |A \cap B \cap C|,$$

wenn wir noch vereinbaren, mit $|M|$ die Anzahl der Elemente einer Menge M zu bezeichnen.

Die Formel (1) gilt allgemein: Man bestimmt die Anzahl der Elemente einer Vereinigung aus drei Mengen, indem man zunächst ihre Elementanzahlen einzeln addiert, dann die Elementanzahlen aller möglichen Zweierdurchschnitte subtrahiert und schließlich die Anzahl der Elemente des Durchschnitts aller drei Mengen addiert. (Wie bestimmt man die Anzahl der Elemente der Vereinigung aus nur zwei Mengen?)

Eine entsprechende Formel gilt auch für *vier* Mengen:

(2)
$$|A \cup B \cup C \cup D| = |A| + |B| + |C| + |D|$$
$$- |A \cap B| - |A \cap C| - |A \cap D| - |B \cap C| - |B \cap D| - |C \cap D|$$
$$+ |A \cap B \cap C| + |A \cap B \cap D| + |B \cap C \cap D| + |C \cap D \cap A|$$
$$- |A \cap B \cap C \cap D|$$

Wir überzeugen uns, daß ein beliebiges Element der Vereinigungsmenge $A \cup B \cup C \cup D$ auf der rechten Seite von (2) *genau einmal* gezählt wird. Ist es in nur *einer* der vier Mengen enthalten, wird es auf der rechten Seite auch genau einmal gezählt, denn es liegt in keinem der Durchschnitte. Ist es in genau *zwei* der vier Mengen enthalten, so wird es in der ersten Zeile zwar zweimal gezählt, dafür aber in der zweiten Zeile mit genau einem der sechs möglichen Zweierdurchschnitte wieder abgezogen. Sonst kommt es nicht vor. Ist es in genau *drei* der vier Mengen enthalten, so wird es in der ersten Zeile genau dreimal gezählt, in der zweiten dann so oft wieder abgezogen, wie sich aus den drei beteiligten Mengen Zweierdurchschnitte bilden lassen, also $\binom{3}{2}$ = 3 mal, in der dritten schließlich genau einmal, insgesamt daher $3 - 3 + 1 = 1$ mal gezählt. Ein Element, das in allen *vier* Mengen enthalten ist, wird in der ersten Zeile viermal gezählt, in der zweiten sechsmal abgezogen, in der dritten wieder viermal hinzugenommen und in der vierten Zeile schließlich erneut abgezogen, also $4 - 6 + 4 - 1 = 1$ mal gezählt.

Mit Hilfe der Formel (2) kann man unsere für $n = 1200$ gestellte Ausgangsfrage, wie viele der natürlichen Zahlen von 1 bis n mit n gemeinsame Teiler haben, auch dann beantworten, wenn n *vier* Primfaktoren hat (z.B. für $n = 8400 = 2^4 \cdot 3 \cdot 5^2 \cdot 7$). Enthält n mehr als vier Primfaktoren, so benötigen wir eine weitere Verallgemeinerung.

Sie lautet (*Prinzip vom Ein – und Ausschluß*)[1]:

Hat man mehrere endliche Mengen, so läßt sich die Anzahl der Elemente ihrer Vereinigungsmenge berechnen, indem man zunächst die Anzahlen der Elemente der einzelnen Mengen addiert, dann die Anzahlen der Elemente aller Zweierdurchschnitte, die sich aus den gegebenen Mengen bilden lassen, subtrahiert, dann die Anzahlen der Elemente aller möglichen Dreierdurchschnitte addiert, dann die Anzahlen der Elemente aller möglichen Viererdurchschnitte subtrahiert usw.

Dies führt zu folgender Formel: Für endliche Mengen A_1, A_2, ..., A_k gilt:

$$|A_1 \cup A_2 \cup \ldots \cup A_k| = |A_1| + |A_2| + \ldots + |A_k|$$
$$- |A_1 \cap A_2| - |A_1 \cap A_3| \ldots$$
(3)
$$+ |A_1 \cap A_2 \cap A_3| + |A_1 \cap A_2 \cap A_4| \ldots$$
$$- \ldots$$
$$\ldots\ldots\ldots\ldots\ldots\ldots\ldots\ldots\ldots\ldots$$
$$\pm |A_1 \cap A_2 \cap \ldots \cap A_k| \quad [2].$$

Hat nun n die Primfaktoren p_1, p_2, ..., p_k, bestimmen wir wieder zunächst die Anzahl der Zahlen von 1 bis n , die durch p_1 oder p_2 oder ... oder p_k teilbar sind. Bezeichnet A_1 die Menge der durch p_1 teilbaren Zahlen bis n, A_2 die durch p_2 teilbaren Zahlen bis n usw., so ist

---

1) Der Beweis verläuft wie der zu Formel (2) (s. Mathematischer Leitfaden).
2) In der zweiten Zeile stehen $\binom{k}{2}$ Summanden, in der dritten $\binom{k}{3}$, usw. (Warum?)

$$|A_1| = \frac{n}{p_1}, \ldots$$

$$|A_1 \cap A_2| = \frac{n}{p_1 p_2}, \ldots$$

$$|A_1 \cap A_2 \cap A_3| = \frac{n}{p_1 p_2 p_3}, \ldots$$

$$|A_1 \cap A_2 \cap \ldots \cap A_k| = \frac{n}{p_1 p_2 \cdots p_k}$$

und daher die Anzahl der Zahlen von 1 bis n, die durch mindestens einen der Primfaktoren teilbar sind, nach (3) gleich

$$
\begin{aligned}
& \frac{n}{p_1} + \frac{n}{p_2} + \ldots + \frac{n}{p_k} \\
& \quad - \frac{n}{p_1 p_2} - \frac{n}{p_1 p_3} - \ldots \\
(4) \quad & \quad + \frac{n}{p_1 p_2 p_3} + \frac{n}{p_1 p_2 p_4} + \ldots \\
& \quad - \ldots \\
& \quad \cdot \ \cdot \ \cdot \ \cdot \ \cdot \ \cdot \ \cdot \ \cdot \ \cdot \\
& \quad \pm \frac{n}{p_1 p_2 \cdots p_k} .
\end{aligned}
$$

Weiß man, wie viele der Zahlen kleiner oder gleich n mit n gemeinsame Teiler haben, so weiß man auch, wie viele von ihnen mit n *keine* gemeinsamen Teiler haben, also zu n *teilerfremd* sind: Man muß die durch (4) gegebene Anzahl nur noch von n subtrahieren.

Die Anzahl der zu einer natürlichen Zahl n teilerfremden Zahlen von 1 bis n bezeichnet man mit $\varphi(n)$. φ heißt nach L. Euler (1707 – 1783) Eulersche φ-Funktion. Zum Beipiel ist, wie wir berechnet haben, $\varphi(1200) = 1200 - 880 = 320$, d.h. 320 der Zahlen von 1 bis 1200 haben mit der Zahl 1200 keinen (von Eins verschiedenen) gemeinsamen Teiler.

Aufgaben

Ein Algorithmus kommt zu neuen Ehren

Um zu zählen, wie viele der Zahlen von 1 bis 1200 zu 1200 teilerfremd sind, haben wir nacheinander die durch 2, 3 und schließlich 5 teilbaren Zahlen ausgeschieden.

Eratosthenes, ein griechischer Dichter, Arithmetiker und Geograph (um 240 v. Chr.), gewann auf ähnliche Weise alle Primzahlen, die kleiner als, sagen wir, 1000 sind.

Zunächst schrieb er alle Zahlen von 2 bis 1000 der Reihe nach auf. Im ersten Durchgang umkreiste er die erste Zahl, also die 2, und strich jede *zweite* folgende Zahl. In den folgenden Durchgängen umkreiste er jeweils die erste noch nicht gestrichene oder eingekreiste Zahl, im zweiten Durchgang also die 3, und strich anschließend, war es die 3, jede *dritte* folgende Zahl. So fuhr er fort, bis alle Zahlen seiner Liste entweder gestrichen oder eingekreist waren:

② ③ 4̸ ⑤ 6̸ ⑦ 8̸ 9̸ 1̸0̸ ⑪ 1̸2̸ . . . 9̸9̸9̸ 1̸0̸0̸0̸ .

Jede Streichung hinterließ auf seiner Wachstafel eine Vertiefung. Dazwischen ragten, wie die Grate eines Siebes, die Primzahlen heraus.

Das *Sieb des Eratosthenes* ist ein ausgezeichneter Algorithmus, um alle Primzahlen bis zu einer gegebenen Schranke aufzulisten und, falls gewünscht, zusätzlich zu jeder der zerlegbaren Zahlen eine Liste ihrer Primfaktoren auszudrucken. Die mittlere Rechenzeit, die ein Computer hierzu pro Zahl aufwenden muß, ist selbst für sehr lange Listen erstaunlich gering. Selbst ein Quadrieren der Stellenzahl der Schranke, z.B. Übergang von der Schranke 10^6 zur Schranke 10^{36}, verdoppelt lediglich die pro Zahl im Mittel aufzuwendende Rechenzeit. (Die Rechenzeit wächst mit log log n.) Testet man dagegen eine einzelne Zahl k auf Primzahleigenschaft, indem man sie nacheinander durch jede der Zahlen bis $\sqrt{k}$ zu dividieren versucht, so würde ein Computer, der eine Million Testdivisionen pro Sekunde ausführen kann, bei einer Primzahl der Größenordnung 10^{40} bereits mehr als eine Million Jahre ununterbrochen rechnen. Bei einer Primzahl nahe 10^{50} übersteigt die aufzuwendende Rechenzeit schon das Alter des Universums (einige zehn Milliarden Jahre).

Wegen seiner Herkunft wird das Prinzip vom Ein – und Ausschluß auch *Siebformel* genannt. Man kann sie z.B. verwenden, um die Primzahlen bis zu einer gegebenen Schranke zu zählen. Für große Schranken wird die Anzahl der Summanden in der Siebformel rasch sehr groß. Der norwegische Mathematiker Viggo Brun hat für solche Fälle im Jahre 1920 eine Möglichkeit gefunden, wie man zu guten Näherungen kommen kann, wenn man nicht alle Summanden der Siebformel berücksichtigt. (Ohne den letzten Korrektursummanden hätte man etwa im obigen Einstiegsbeispiel 360 statt 320 zu 1200 teilerfremde Zahlen gezählt.) Die besten bis heute bekannten Schätzverfahren für Primzahlanzahlen beruhen auf der von ihm entwickelten Theorie.

1.a) Wie viele der natürlichen Zahlen von 1 bis 75 sind durch 3 oder 5 teilbar?
b) Wie viele der Zahlen von 1 bis 75 sind zu 75 teilerfremd?
c) Wie viele der Zahlen von 1 bis 720 sind zu 720 teilerfremd?

Im Laderaum knackt der Lautsprecher; es ertönt die Stimme des Chefs: "Alle Kisten an Deck, die beim dritten oder fünften Durchgang ein Kreuz erhielten!" – Wissen Sie, wie der Lademeister herausfinden kann, wie viele der tausend Bananenkisten er diesmal nach oben schaffen lassen muß?

2.a) Auf wie viele Arten läßt sich die Zahl 20 als Summe von drei natürlichen Zahlen schreiben, wenn es auf die Reihenfolge der Summanden ankommt?
b) Auf wie viele Arten läßt sich die Zahl 20 als Summe von drei natürlichen Zahlen schreiben, wenn die erste nicht größer als acht, die zweite nicht größer als 15 und die dritte nicht größer als sieben sein soll?
c) Auf wie viele Arten lassen sich 20 Freikarten unter drei Kindern verteilen, wenn jedes Kind wenigstens eine Karte erhalten soll?
3.a) Es werden drei ununterscheidbare Würfel gleichzeitig geworfen. Wie viele Möglichkeiten hat man, die Augensumme 12 zu erreichen?
b) Für welche Augensumme hat man ebensoviele Möglichkeiten?
4. Ein Jahr ist ein Schaltjahr, wenn es durch 4, aber nicht durch 100, wohl aber wenn es durch 400 teilbar ist. Beispielsweise war 1900 kein Schaltjahr, aber das Jahr 2000 wird eins. Wie viele Schaltjahre liegen zwischen 1884 und 4004?
5. Ein Lehrer erzählt seinem Kollegen: "Meine Klasse hat 34 Schüler, 19 davon sind Jungen. 29 Schüler stehen im Schnitt Drei und besser. Von diesen sind 16 Jungen. 27 Schüler haben Religion. Von diesen sind 17 Jungen und 15 stehen Drei und besser. 13 Jungen stehen Drei und besser und haben Religion." Der Kollege unterrichtet zufällig Mathematik und stutzt. "Das geht doch gar nicht", denkt er und verläßt den Raum. Was meinen Sie?
6. Bei einem Autogroßhändler stehen 30 Autos zum Verkauf. Der Großhändler weiß, daß 15 der Autos ein Radio haben, 8 ein Stahlschiebedach und 6 Liegesitze. 3 Autos haben alle drei Extras. Ein Autohändler fragt an, wie viele Autos ohne eines der drei Extras er mindestens liefern kann.
7. Wie viele Wörter der Länge n lassen sich aus dem gewöhnlichen Alphabet bilden, in denen die Buchstaben a, b und c alle vorkommen?
8.a) Jemand schreibt fünf Briefe und adressiert anschließend die Umschläge. Auf wie viele Arten ist es möglich, daß jeder der fünf Briefe in einen falschen Umschlag gesteckt wird?
b) Sechs Kinder sitzen an einem Tisch und möchten ihre Plätze tauschen; keines möchte seinen Platz behalten. Wie viele Möglichkeiten haben sie dafür?

Die folgenden Aufgaben beschäftigen sich mit der Eulerschen φ – Funktion.

Nach dem im Text gewonnenen Ergebnis ist

$$\varphi(n) = n - \frac{n}{p_1} - \frac{n}{p_2} - \ldots - \frac{n}{p_k}$$

$$+ \frac{n}{p_1 p_2} + \frac{n}{p_1 p_3} + \cdots$$

$$- \frac{n}{p_1 p_2 p_3} - \frac{n}{p_1 p_2 p_4} - \cdots$$

$$+ \cdots$$

$$\cdots\cdots\cdots\cdots\cdots\cdots\cdots$$

$$\pm \frac{n}{p_1 p_2 \cdots p_k} \, .$$

Übersichtlicher – und zunächst verblüffend – ist die Produktdarstellung von $\varphi(n)$:

$$\varphi(n) = n \cdot \left(1 - \frac{1}{p_1}\right) \cdot \left(1 - \frac{1}{p_2}\right) \cdot \; \cdots \; \cdot \left(1 - \frac{1}{p_k}\right) \, .$$

Überzeugen Sie sich durch Ausmultiplizieren des Produktes von der Richtigkeit dieser Darstellung.

Übrigens wird in diesem Zusammenhang deutlich, warum es zweckmäßig ist, die Zahl 1 nicht zu den Primzahlen zu rechnen. Sonst wäre nämlich für jedes n $\varphi(n) = 0$. (Warum?)

9.a) Man zeige: Ist

$$n = p_1^{e_1} \cdot p_2^{e_2} \cdot \; \cdots \; \cdot p_k^{e_k} \qquad\qquad (n > 1),$$

so gilt

$$\varphi(n) = p_1^{e_1 - 1} \cdot (p_1 - 1) \cdot p_2^{e_2 - 1} \cdot (p_2 - 1) \cdot \; \cdots \; \cdot p_k^{e_k - 1} \cdot (p_k - 1)$$

(alternative Darstellung von $\varphi(n)$).
b) Berechnen Sie $\varphi(72)$, $\varphi(120)$ und $\varphi(60\ 840)$.
c) Für jede Primzahl p ist $\varphi(p) = p - 1$. Warum?
d) Begründen Sie, weshalb $\varphi(n)$ für $n > 2$ stets gerade ist.
e) Da sich die Zahl 10 auch in der Form $10 = 2^0 \cdot (2 - 1) \cdot 11^0 \cdot (11 - 1)$ schreiben läßt, ist $n = 2^1 \cdot 11^1 = 22$ eine Lösung der Gleichung $\varphi(n) = 10$, wie die Darstellung für $\varphi(n)$ aus Teil a) zeigt. Ebenso sind $2^2 = 4$, $3^1 = 3$ und $2^1 \cdot 3^1 = 6$ Lösungen der Gleichung $\varphi(n) = 2$, denn $2 = 2^1 \cdot (2 - 1) = 3^0 \cdot (3 - 1) = 2^0 \cdot (2 - 1) \cdot 3^0 \cdot (3 - 1)$.
Für welche n ist $\varphi(n) = 6$?
10.* Man zeige:
a) Ist k eine natürliche Zahl kleiner als n, so ist mit k auch $n - k$ teilerfremd zu n.
b) Die Summe aller zu n teilerfremden Zahlen bis n ist gleich $n \cdot \dfrac{\varphi(n)}{2}$ $(n > 1)$.
11. Man zeige:
a) Sind n und m zueinander teilerfremd, so gilt $\varphi(n \cdot m) = \varphi(n) \cdot \varphi(m)$.
b) $\varphi(n^2) = n \cdot \varphi(n)$

Hinweise zu den Aufgaben

Zu 1.b: Überlegen Sie anhand der Primfaktorzerlegung von 75, welche Eigenschaft die zu 75 teilerfremden Zahlen haben.

Zu 2.a: Stellen Sie sich die Zahl 20 so vor:

Jedes Setzen von zwei Strichen zerlegt diese Reihe in drei Abschnitte und führt zu einer Lösung der Gleichung $x + y + z = 20$.

Zu 3.a: Bezeichnen Sie mit x die Augenzahl für den ersten, mit y die für den zweiten und mit z die Augenzahl für den dritten Würfel. Welche Gleichung ist dann zu lösen?

   b: Nennen Sie die gesuchte Augensumme n, und lösen Sie die Gleichung aus Teil a) mit n, wobei Sie voraussetzen dürfen, daß die gesuchte Zahl n kleiner als 12 ist.

Zu 4: Bestimmen Sie zunächst die Anzahl der Schaltjahre vom Jahre 1 bis zum Jahre 4004.

Zu 5: Berechnen Sie die Gesamtzahl der Schüler der Klasse aus den behaupteten Daten.

Zu 6: Versuchen Sie zunächst herauszufinden, wie viele Autos mit (mindestens) einem der Extras es höchstens gibt.

Zu 7: Definieren Sie A als die Menge der Wörter der Länge n ohne den Buchstaben a (B und C entsprechend).

Zu 8.a: Wir nennen eine Permutation der Zahlen 1,2,3,4,5 eine *Umordnung*, wenn keine der Zahlen an ihrem alten Platz bleibt. Z.B. ist 4,3,2,5,1 eine Umordnung von 1,2,3,4,5; 3,2,5, 4,1 dagegen nicht, weil die Zahlen 2 und 4 fest (*fix*) geblieben sind. Bestimmen Sie die Anzahl der möglichen Umordnungen der Zahlen 1,2,3,4,5. Wieso ist damit das Problem gelöst?

Zu 9.a: Gehen Sie von der im Text erarbeiteten Produktdarstellung von $\varphi(n)$ aus.

   d: $\varphi(n)$ enthält für $n > 2$ stets mindestens einen geraden Faktor (warum?).

Zu 10.a: Zeigen Sie: Ist $n - k$ nicht teilerfremd zu n, so ist es auch k nicht.

   b: Nach Teil a) lassen sich die zu n teilerfremden Zahlen bis n zu Paaren zusammenfassen. Wie viele solcher Paare gibt es?

Zu 11: Arbeiten Sie mit der Primfaktorzerlegung von n und m. Benutzen Sie die Darstellung für $\varphi(n)$ aus Aufgabe 9.a).

Weitergehende Hinweise

Zu 1.b: Von allen 720 Zahlen ist die Anzahl derjenigen Zahlen von 1 bis 75 abzuziehen, die weder durch 3 noch durch 5 teilbar sind.

Zu 2.a: Z.B. erzeugt

die Lösung $x = 3$, $y = 5$, $z = 12$.

Zu 3.a: x, y, z müssen derselben Ungleichung genügen.

   b: Wie im Teil a) ist $\binom{n-1}{2} - 3 \cdot \binom{n-7}{2}$ die Anzahl der Lösungen der Gleichung $x + y + z = n$ (hier: $n < 12$). Daher ist die Gleichung $\binom{n-1}{2} - 3 \cdot \binom{n-7}{2} = 25$ zu lösen.

Zu 6: Es gibt jeweils mindestens so viele Autos mit zwei der Extras wie mit allen dreien. Benutzen Sie dies, um zu zeigen, daß die Anzahl der Autos mit wenigstens einem Extra höchstens 24 betragen kann.

Zu 7: Die gesuchte Anzahl ist $|A' \cap B' \cap C'|$.

Zu 8.a: A sei die Menge der Permutationen mit 1 als Fixelement, B die mit 2, C die mit 3, D die
          mit 4 und E die Menge der Permutationen mit 5 als Fixelement. $5! - |A \cup \ldots \cup E|$
          ist dann die gesuchte Anzahl (wieso?).

Zu 9.a: Beachten Sie die Primfaktorzerlegung von n.

Zu 10.a: Zeigen Sie: Haben n − k und n den gemeinsamen Teiler t, so ist t auch Teiler von k.

     b: Jedes Paar (k, n − k) hat die Summe n.

2. Abzählen mit der Methode der erzeugenden Reihe

In diesem Kapitel werden wir eine Beziehung zwischen Kombinatorik und Algebra aufdecken und weiterentwickeln, die sich als sehr vorteilhaft erweisen wird. Wie eng diese Beziehung ist, wird bereits am Beispiel der uns bekannten Binomialentwicklung

$$(1+x)^n = \binom{n}{0} + \binom{n}{1} \cdot x + \ldots + \binom{n}{k} \cdot x^k + \ldots + \binom{n}{n} \cdot x^n$$

sichtbar: Die Koeffizienten $\binom{n}{k}$ beantworten das *kombinatorische* Problem, auf wie viele Arten sich k Elemente aus einer n – elementigen Menge auswählen lassen, oder – auf den *algebraischen* Zusamenhang bezogen – wie oft sich beim Ausmultiplizieren von $(1 + x)^n$ aus den n Faktoren $(1 + x)$ genau k – mal das x wählen läßt. Damit deutet sich eine Möglichkeit an, Anzahlprobleme durch algebraisches Manipulieren zu lösen, nämlich hier: die Pascalzahlen durch Ausmultiplizieren und Zusammenfassen zu bestimmen.

Der Abschnitt 2.1 führt in die Methode der erzeugenden Reihe ein. Die Beispiele der nachfolgenden Abschnitte 2.2 bis 2.4 demonstrieren ihre Leistungsfähigkeit.

2.1 Eine Idee von L. Euler

Leonhard Euler wurde am 4. April 1707 in Basel als Sohn eines Pastors geboren. Er studierte zunächst Theologie, wechselte aber bald zur Mathematik über. Euler ist der produktivste Mathematiker des achtzehnten Jahrhunderts. Noch mit über siebzig Jahren diktierte er, längst völlig erblindet, einem Schreiber seine Entdeckungen, wobei ihm sein phänomenales Gedächtnis sehr von Nutzen war. Als er am 18. September 1783 in Petersburg starb, waren 530 Bücher und Arbeiten von ihm erschienen. Noch 47 Jahre nach seinem Tode veröffentlichte die Petersburger Akademie hinterlassene Manuskripte. Heute werden Euler insgesamt 886 wissenschaftliche Abhandlungen zugeschrieben.

Leonhard Euler leistete vor allem auf dem Gebiet der Analysis Bahnbrechendes. Doch auch seine Lehrbücher wurden viel gelesen, unter anderem von so bedeutenden Mathematikern wie Lagrange, Laplace und Gauß, und haben die Entwicklung der Mathematik nachhaltig beeinflußt. Zu ihnen gehört das zweibändige Werk "Introductio in analysis infinitorum" (Einführung in die Analysis des Unendlichen) aus dem Jahre 1748. Hier findet sich unter anderem eine Darstellung der Trigonometrie, die bis hin zur Schreibweise der trigonometrischen Funktionen bis heute Gültigkeit besitzt. Zu den schönsten Kapiteln dieses Werkes zählt das über die "partitio numerorum" (Von der Zerlegung der Zahlen in Teile), von dem im folgenden ein kleiner Ausschnitt abgedruckt ist. Damals war es üblich, wissenschaftliche Abhandlungen in Lateinischer Sprache zu verfassen. Die Übersetzung aus dem Jahre 1885, aus der wir zitieren, stammt von H. Maser.

VON DER ZERLEGUNG DER ZAHLEN IN TEILE

Leonhard Euler (1707 – 1783)

Entwickelt man das Produkt

$$Q = (1 + x)(1 + x^2)(1 + x^3)(1 + x^4)(1 + x^5)(1 + x^6)\ldots$$

in eine Reihe, so wird dieselbe:

$$1 + x + x^2 + 2x^3 + 2x^4 + 3x^5 + 4x^6 + 5x^7 + 6x^8 + 8x^9 + 10x^{10} + \ldots,$$

und hierin *gibt jeder Koeffizient an, auf wieviel Arten der Exponent* der zugehörigen Potenz von x durch Addition von ungleichen ganzen Zahlen *gebildet werden kann.* So läßt sich die Zahl 9 auf 8 verschiedene Weisen aus ungleichen Zahlen durch Addition zusammensetzen, nämlich:

$$
\begin{aligned}
9 &= 9 \\
9 &= 8 + 1 \\
9 &= 7 + 2 \\
9 &= 6 + 3 \\
9 &= 6 + 2 + 1 \\
9 &= 5 + 4 \\
9 &= 5 + 3 + 1 \\
9 &= 4 + 3 + 2
\end{aligned}
$$

Es sind ... *einige merkwürdige Fälle* übrig, deren Untersuchung bei der Erforschung der Natur der Zahlen nicht ohne Nutzen ist. Man beachte z.B. den folgenden Ausdruck:

$$P = (1 + x)(1 + x^2)(1 + x^4)(1 + x^8)(1 + x^{16})(1 + x^{32})\ldots,$$

in welchem jeder folgende Exponent von x das Doppelte des vorhergehenden ist. Entwickelt man diesen Ausdruck, so erhält man folgende Reihe:

$$1 + x + x^2 + x^3 + x^4 + x^5 + x^6 + x^7 + x^8 + \ldots$$

... Da nun hierin die sämtlichen Potenzen von x, und zwar jede nur einmal, vorkommen, so folgt aus der Form des Produkts:

$$P = (1 + x)(1 + x^2)(1 + x^4)(1 + x^8)(1 + x^{16})(1 + x^{32})\ldots,$$

daß sich eine *jede ganze Zahl aus verschiedenen Gliedern der geometrischen Progression* 1, 2, 4, 8, 16, 32 ..., bei welcher der Quotient aufeinanderfolgender Glieder gleich 2 ist, *stets und nur auf eine einzige Weise durch Addition bilden* läßt. *Diese Eigenschaft ist in der Praxis bekannt beim Wägen.* Hat man nämlich Gewichte von 1,2,4,8,16,32 ... Pfund, so kann man damit allein jede Last wägen, vorausgesetzt, daß man von den Teilen eines Pfundes absieht. So kann man mit den zehn Gewichten:

1Pfd, 2Pfd, 4Pfd, 8Pfd, 16Pfd, 32Pfd, 64Pfd, 128Pfd, 256Pfd, 512Pfd

jede Last bis zu 1024 Pfd wägen, und wenn man noch ein Gewicht von 1024 Pfd hinzunimmt, so reicht man damit bis zu Lasten von 2048 Pfd aus.

Der Text von Euler ist sicher schwer. Euler richtet sich auch nicht an Laien, vielmehr teilt er hier den Mathematikern seiner Zeit eine Entdeckung mit. Soviel scheint klar: Euler nutzt algebraische Techniken zur Lösung kombinatorischer Probleme. So gewinnt er etwa im ersten Beispiel die Anzahl der Zerlegungen einer Zahl in verschiedene Summanden durch Ausmultiplizieren und Zusammenfassen:

$$(1+x)(1+x^2)(1+x^3)(1+x^4)\ldots = (1 + x + x^2 + x^3)(1 + x^3)(1 + x^4)\ldots$$
$$= (1 + x + x^2 + 2x^3 + x^4 + x^5 + x^6)(1 + x^4)\ldots$$
$$= \ldots$$
$$= 1 + x + x^2 + 2x^3 + 2x^4 + 3x^5 + \ldots$$

Doch: Warum gibt beispielsweise der Koeffizient von x^9 tatsächlich an, auf wie viele Arten sich die Zahl 9 als Summe verschiedener natürlicher Zahlen schreiben läßt?

Nun, x^9 entsteht beim Ausmultiplizieren auf ebenso viele Weisen, wie es Möglichkeiten gibt, aus jedem der Faktoren $(1 + x)$, $(1 + x^2)$, ... je einen Summanden so zu wählen, daß deren Produkt gleich x^9 ist (zum Beispiel x aus dem ersten Faktor, x^8 aus dem achten und 1 aus den übrigen Faktoren: $x^1 \cdot 1 \cdot \ldots \cdot 1 \cdot x^8 \cdot 1 \cdot \ldots = x^9$). Da die Potenzen von x multipliziert werden, indem man ihre Exponenten addiert, entsteht x^9 gerade so oft, wie sich die Zahl 9 als Summe verschiedener natürlicher Zahlen schreiben läßt. Die acht Zerlegungen der Zahl 9 listet Euler sogar auf.

Wir nehmen einen neuen Anlauf, der zugleich eine Methode angibt, wie man zu dem von Euler angegebenen Produkt

$$Q = (1+x)(1+x^2)(1+x^3)(1+x^4)(1+x^5)(1+x^6)\ldots$$

gelangen kann.

Um Euler auf die Spur zu kommen, stellen wir uns zunächst ein überschaubareres Problem: *Auf wie viele Arten läßt sich eine Zahl in verschiedene Summanden zerlegen, wenn* – im Gegensatz zu Euler, der alle natürlichen Zahlen als Summanden zuläßt – *der Summandenvorrat begrenzt ist, etwa auf die Zahlen 1 bis 7?*

Wir entwickeln die Abzählstrategie am Beispiel der Zerlegungen der Zahl 12. Stellen Sie sich einen Baukasten mit je einem Stein der Höhe 1,2,...,7 vor. Dann interessiert uns, auf wie viele Arten sich aus diesem Steinvorrat ein Turm der Höhe 12 bauen läßt, wenn es auf die Reihenfolge der Bausteine nicht ankommt.

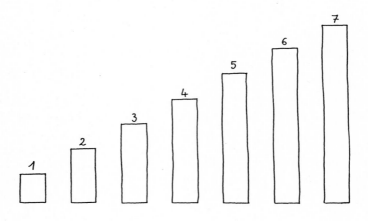

Auf wieviele Arten läßt sich
mit diesen Steinen ein Turm
der Höhe 12 bauen?

Denken wir uns den verfügbaren Steinvorrat $S = \{1,2,\ldots,7\}$ aufgespalten in zwei Teilvorräte, sagen wir $S' = \{1,2,3,4\}$ und $S'' = \{5,6,7\}$. Dann läßt sich beispielsweise ein Turm der Höhe 7 aus dem Teilvorrat S' auf zwei Weisen – nämlich $1+2+4$ oder $3+4$ – und der Restturm der Höhe 5 aus dem Teilvorrat S'' auf genau eine Weise bauen, ein Turm der Bauart $7+5$ also nach der Produktregel auf $2\cdot1$ Weisen.

Wir benutzen diese Idee, um alle möglichen 12er – Türme systematisch zu zählen. Dazu nennen wir die Anzahl der Möglichkeiten, beispielsweise einen Turm der Höhe 7 aus dem Steinvorrat S' zu bauen, $a_7(S')$. Entsprechend gibt dann $a_{12-7}(S'')$ an, auf wie viele Arten sich ein Turm der Resthöhe $12 - 7$ aus S'' zusammensetzen läßt.

Zu einem Turm der Höhe 12 kann man gelangen, indem man

Anzahl der
Möglichkeiten

entweder	einen Turm der Höhe 0 aus S' *und*	
	einen der Höhe 12 aus S'' baut	$a_0(S')\cdot a_{12}(S'')$
oder	einen Turm der Höhe 1 aus S' *und*	
	einen der Höhe 11 aus S'' baut	$a_1(S')\cdot a_{11}(S'')$
oder	einen Turm der Höhe 2 aus S' *und*	
	einen der Höhe 10 aus S'' baut	$a_2(S')\cdot a_{10}(S'')$

. . . .

oder	einen Turm der Höhe j aus S' *und*	
	einen der Höhe $12 - j$ aus S'' baut	$a_j(S')\cdot a_{12-j}(S'')$

. . . .

oder	einen Turm der Höhe 11 aus S' *und*	
	einen der Höhe 1 aus S'' baut	$a_{11}(S')\cdot a_1(S'')$
oder	einen Turm der Höhe 12 aus S' *und*	
	einen der Höhe 0 aus S'' baut.	$a_{12}(S')\cdot a_0(S'')$

Die gesuchte Anzahl der Möglichkeiten, einen Turm der Höhe 12 aus dem gesamten Steinvorrat S zu bauen – wir bezeichnen sie mit $a_{12}(S)$ – ergibt sich dann nach der Summenregel durch Aufsummieren der rechten Spalte:

(1) $a_{12}(S)=a_0(S')a_{12}(S'')+a_1(S')a_{11}(S'')+\ldots a_j(S')a_{12-j}(S'')+\ldots+a_{12}(S')a_0(S'')$.

Die Beziehung (1) – und darin liegt ihre Stärke – spielt das Bausteinproblem, und damit unser Zahlzerlegungsproblem, für den "großen" Vorrat S zurück auf dasselbe Problem für kleinere Vorräte S' und S''.

An dieser Stelle drängt sich der Einsatz algebraischer Hilfsmittel geradezu auf; Summen von Produkten der Form (1) treten nämlich beim Ausmultiplizieren von Potenzreihen auf:

$$(a_0 + a_1x + a_2x^2+ \ldots + a_kx^k+ \ldots)(b_0 + b_1x + b_2x^2+ \ldots +b_kx^k+ \ldots)$$

$$= \quad a_0b_0$$

$$+ \ (a_0b_1 + a_1b_0)x$$

$$+ \ (a_0b_2 + a_1b_1 + a_2b_0)x^2$$

$$+ \ . \ . \ . \ . \ . \ . \ . \ . \ . \ .$$

$$+ \ (a_0b_k + a_1b_{k-1} + \ldots + a_jb_{k-j} + \ldots + a_kb_0)x^k$$

$$+ \ . \ . \ . \ . \ . \ . \ . \ . \ . \ . \ . \ . \ .$$

Hat man also das Zerlegungsproblem für die beiden Teilvorräte S' und S" gelöst, d.h. kennt man die (in unserem Beispiel abbrechenden) Zahlenfolgen

$$a_0(S'), \ a_1(S'), \ a_2(S'), \ \ldots$$

und $\quad a_0(S''), \ a_1(S''), \ a_2(S''), \ \ldots \ ,$

so hat man nur noch die beiden Reihen

$$a_0(S') + a_1(S')x + a_2(S')x^2 + \ldots$$

und $\quad a_0(S'') + a_1(S'')x + a_2(S'')x^2 + \ldots$

zu multiplizieren (man nennt sie *erzeugende Reihen*). Nach Ausmultiplizieren und Zusammenfassen – oder, wie es bei Euler heißt, nach Entwicklung des Produktes – gibt der Koeffizient von x^k dann gerade an, auf wie viele Arten sich die Zahl k in verschiedene Summanden des Vorrats S = S' ∪ S" = {1,...,7} zerlegen läßt. So gehört in unserem Beispiel zu S' = {1,2,3,4} die erzeugende Reihe

$(*)\qquad 1 + x + x^2 + 2x^3 + 2x^4 + 2x^5 + 2x^6 + 2x^7 + x^8 + x^9 + x^{10}$

und zu S" = {5,6,7} die Reihe

$(**)\qquad 1 + x^5 + x^6 + x^7 + x^{11} + x^{12} + x^{13} + x^{18}$ [1]).

Zum Summandenvorrat S = {1,2,...,7} gehört also das Produkt der beiden Reihen. Nach Ausmultiplizieren und Zusammenfassen dieses Produktes erhält man z.B. als Koeffizient von x^{12} die Zahl 8, d.h. 12 läßt sich auf 8 Arten aus verschiedenen Summanden des Vorrats {1,2,...,7} zusammensetzen.

Jetzt können wir zu Eulers Beispiel mit unbeschränktem Summandenvorrat zurückkehren. In seinem Produkt

$$Q \ = \ (1+x)(1+x^2)(1+x^3)(1+x^4)(1+x^5)(1+x^6)\ldots$$

ist z.B. der Faktor $(1 + x^5)$ erzeugende Reihe zum Zerlegungsproblem nach dem Summandenvorrat {5}; denn es gibt *eine* Möglichkeit, die Zahl 5 zu schreiben; für alle anderen Zahlen gibt es *keine* Möglichkeit. Die erzeugende Reihe ist daher $1 + 0 \cdot x^2 + 0 \cdot x^3 + 0 \cdot x^4 + 1 \cdot x^5 + 0 \cdot x^6 + \ldots$, also gleich $1 + x^5$.

---

1) Die Reihen beginnen beide mit $1 \cdot x^0$, denn die einzige Teilmenge von S' oder S", mit der man die Zahl 0 bzgl. S' oder S" darstellen kann, ist die leere Menge. Für die Zahl 4 z.B. gibt es bzgl. S' zwei Teilmengen, nämlich {1,3} und {4}, bzgl. S" keine; daher ist der Koeffizient von x^4 in der Reihe $(*)$ gleich 2 und in der Reihe $(**)$ gleich 0.

Zum Summandenvorrat $\{1\}$ gehört die Reihe $1 + x$,
Zum Summandenvorrat $\{2\}$ gehört die Reihe $1 + x^2$ usw.

Daher gehört zum Vorrat $\{1,2\} = \{1\} \cup \{2\}$ das Produkt $(1 + x)(1 + x^2)$, zum Vorrat $\{1,2,3\} = \{1,2\} \cup \{3\}$ das Produkt $[(1 + x)(1 + x^2)](1 + x^3) = (1 + x)(1 + x^2)(1 + x^3)$ usw. Stehen daher bei der Zerlegung einer Zahl – wie in Eulers erstem Beispiel – *alle* natürlichen Zahlen als Summanden zur Verfügung, so ist die erzeugende Reihe durch das nichtabbrechende Produkt Q gegeben.

Rückblickend könnten Sie nachprüfen, daß die beiden Reihen (∗) bzw. (∗∗) gerade die ausmultiplizierten Produkte $(1 + x)(1 + x^2)(1 + x^3)(1 + x^4)$ bzw. $(1 + x^5)(1 + x^6)(1 + x^7)$ sind.

Verstehen Sie jetzt auch den Produktansatz P zu Eulers zweitem Beispiel?

Aufgaben

Die ersten drei Aufgaben beziehen sich unmittelbar auf den einführenden Text.

1. Welcher Koeffizient gehört zu x^{12} in der Entwicklung des Produktes Q in Eulers erstem Beispiel?
2. Berechne die Anzahl $a_{12}(S)$ nach der oben beschriebenen Methode.
3. Zeige durch Ausmultiplizieren und Zusammenfassen des zugehörigen Produktansatzes, daß sich mit dem Gewichtssatz 1,2,4 und 8 Kilogramm jede Last bis zu 15 Kilogramm wägen läßt, wenn man von Bruchteilen eines Kilogramms absieht.

Der Produktansatz enthält – algebraisch verschlüsselt – *alle* Daten des zugehörigen Anzahlproblems. In den folgenden Aufgaben ist jeweils der Produktansatz zu finden und anzugeben, welcher Koeffizient seiner Reihenentwicklung zur Lösung des Problems zu berechnen *wäre* (Methoden zur Berechnung der Koeffizienten lernen wir im nächsten Abschnitt).

4.a) Auf wie viele Arten läßt sich die Zahl 1 000 000 als Summe natürlicher Zahlen schreiben, wenn Summanden auch mehrfach auftreten können?
b) Auf wie viele Arten läßt sich die Zahl 1 000 000 als Summe ungerader Zahlen schreiben, wenn Summanden auch mehrfach auftreten können?
c) Wie sind die Teile a) und b) im Sinne des Eulerschen Textes als Wägeprobleme zu interpretieren?
5. Auf wie viele Arten läßt sich mit n Würfeln die Augensumme k werfen?
6. Jemand besitzt acht Gewichtsstücke zu 1,1,2,5,10,10,20 und 50 Gramm. Auf wie viele Arten kann er mit diesen ein Gewicht von 78 Gramm wägen? (Die Anzahl läßt sich durch einfache kombinatorische Überlegungen direkt ermitteln.)
7. Wie viele der Zahlen von 1 bis 999 999 haben die Quersumme 23?

8. Auf wie viele Arten läßt sich eine natürliche Zahl als Summe verschiedener ungerader Zahlen schreiben?

9. Auf wie viele Arten kann man einen Inlandbrief (Gebühr 80 Pf) mit vier *nebeneinander* geklebten Marken zu 5,10,20,40 und 50 Pf frankieren? (Die Frankaturen 5,5,10,40 und 10,5,40,5 sind als verschieden anzusehen.)

Hinweise zu den Aufgaben

Zu 3:   Der Produktansatz ist $(1 + x)(1 + x^2)(1 + x^4)(1 + x^8)$.
Zu 4.a: Im Produktansatz gehört z.B. zum Summanden 3 der Faktor $(1 + x^3 + x^6 + x^9 + \ldots)$.
Zu 5:   *Ein* Würfel liefert die Reihe $x + x^2 + x^3 + x^4 + x^5 + x^6$.
Zu 7:   Zur Quersumme tragen alle Ziffern bei, und zu jeder Ziffer gehört die Reihe $1 + x + x^2 + \ldots + x^9$.

2.2 Geld wechseln

Im letzten Abschnitt lernten wir, wie man Produktansätze zu Zahlzerlegungsproblemen findet. Doch wie erhält man aus dem Produktansatz die Koeffizienten seiner Reihenentwicklung? Schließlich geben erst diese die Lösung.

In diesem Abschnitt führen wir an einem Beispiel den *vollständigen* Lösungsgang vor. (Dabei werden sich algebraische Hilfsmittel als sehr nützlich erweisen.) Das Beispiel variiert die Zerlegungsprobleme aus dem Eulerschen Text des vorangegangenen Abschnitts.

Je nach Münzsystem und zu wechselndem Betrag gibt es vielfältige Geldwechselprobleme. Beispielsweise kann man fragen:

Auf wie viele Arten kann man 50 Pf wechseln?

Erster Lösungsschritt: Da es $1 -$, $2 -$, $5 -$, und $10 - Pf$ - Stücke gibt und von jeder Münzart unbegrenzt viele zur Verfügung stehen sollen, heißt dies in der Sprache der Zahlzerlegungsprobleme: *Auf wie viele Arten läßt sich die Zahl 50 als Summe der Zahlen 1, 2, 5 und 10 schreiben, wenn diese auch mehrfach auftreten dürfen?* Wir wenden die Methode der erzeugenden Reihe an und suchen zunächst den Produktansatz zu diesem Zahlzerlegungsproblem.

Zweiter Lösungsschritt: Stünden nur 1 und 2 als Summanden zur Verfügung, so ließe sich der verfügbare Summandenvorrat S aufspalten in die Teilvorräte S' mit beliebig vielen Exemplaren der Eins und S'' mit beliebig vielen Exemplaren der Zwei. Bezeichnet dann, ähnlich wie im vorangegangenen Abschnitt, $a_j(S')$ die Anzahl der Möglichkeiten, die Zahl j als Summe von Einsen zu schreiben, und gibt $a_{50-j}(S'')$ an, auf wie viele Arten sich der Rest $50-j$ als Summe von Zweien schreiben läßt[1], so kann man zur Zahl 50 gelangen, indem man:

Anzahl der
Möglichkeiten

entweder	keine Einsen und nur Zweien verwendet	$a_0(S')a_{50}(S'')$
oder	. . . .	
oder	die Zahl j als Summe von Einsen *und*	
	die Zahl $50-j$ als Summe von Zweien schreibt	$a_j(S')a_{50-j}(S'')$
oder	. . . .	
oder	nur Einsen und keine Zweien verwendet.	$a_{50}(S')a_0(S'')$

Sehen Sie die Ähnlichkeit zur entsprechenden Tabelle des letzten Abschnitts?

Nun gehört zum Zerlegungsproblem bzgl. S' die erzeugende Reihe

$$1 + x + x^2 + x^3 + \ldots;$$

entsprechend ist

$$1 + 0 \cdot x^1 + x^2 + 0 \cdot x^3 + x^4 + 0 \cdot x^5 + x^6 + \ldots$$

die zu S'' gehörende Reihe. Also gehört zum Gesamtvorrat $S = S' \cup S''$ das Produkt

$$(1 + x + x^2 + x^3 + \ldots)(1 + x^2 + x^4 + x^6 + \ldots).$$

Da neben den Vielfachen der 1 und 2 auch die der 5 und 10 zur Verfügung stehen, lautet der Produktansatz zu unserem Zahlzerlegungs – und damit auch Geldwechselproblem:

$$P = (1+x+x^2+x^3+\ldots)(1+x^2+x^4+x^6+\ldots)(1+x^5+x^{10}+x^{15}+\ldots)(1+x^{10}+x^{20}+x^{30}+\ldots).$$

Dritter Lösungsschritt: Als nächstes ist der Produktansatz in eine Reihe zu entwickeln. Gesucht ist dann der Koeffizient von x^{50} in der Entwicklung von P. Wäre man nur an diesem Zahlenwert interessiert, so käme man – wenn auch mit einiger

---

1) $a_j(S')$ ist übrigens stets gleich eins, $a_{50-j}(S'')$ null oder eins; wieder ist $a_0 = 1$ (vgl. die Fußnote auf Seite 66).

Mühe – durch Ausmultiplizieren des Produkts P und einige zusätzliche kombinatorische Überlegungen zum Ziel. Wir suchen jedoch nach einem allgemeinen Verfahren, das sich in allen ähnlich gelagerten Fällen anwenden läßt.

Es wird sich als günstig erweisen, das Produkt P zunächst in eine kompaktere Form zu bringen. Dazu benutzen wir die wichtige Identität

$$(1-x)(1 + x + x^2 + x^3 + \ldots) = 1 + 0x + 0x^2 + \ldots \ ,$$

die sich durch Ausmutliplizieren und Zusammenfassen bestätigen läßt und die wir in der Form

$$(2) \qquad \boxed{1 + x + x^2 + x^3 + x^4 + \ldots = \frac{1}{1-x}}$$

schreiben[1].

Ersetzt man in (2) x z.B. durch x^5, so erhält man

$$1 + x^5 + (x^5)^2 + (x^5)^3 + \ldots = 1 + x^5 + x^{10} + x^{15} + \ldots = \frac{1}{1-x^5} \ .$$

Daher ist der dritte Faktor im Produkt P gleich $\frac{1}{1-x^5}$. Entsprechend erhält man für den zweiten Faktor $\frac{1}{1-x^2}$, für den vierten Faktor $\frac{1}{1-x^{10}}$, insgesamt daher

$$P = \frac{1}{1-x} \cdot \frac{1}{1-x^2} \cdot \frac{1}{1-x^5} \cdot \frac{1}{1-x^{10}} \ .$$

Aus dieser Darstellung für P lassen sich nun die Koeffizienten der Reihenentwicklung von P schrittweise rekursiv bestimmen.

Im *ersten Schritt* berechnen wir rekursiv die Koeffizienten in der Entwicklung der ersten beiden Faktoren von P, d.h. die a_k in

$$\frac{1}{1-x} \cdot \frac{1}{1-x^2} = a_0 + a_1x + a_2x^2 + \ldots + a_kx^k + \ldots \ .$$

Wegen der Identität (2) gilt dann

$$(1 + x + x^2 + \ldots + x^k + \ldots) \frac{1}{1-x^2} = a_0 + a_1x + a_2x^2 + \ldots + a_kx^k + \ldots$$

und damit

$$1+x+x^2+\ldots+x^k+\ldots = (a_0 + a_1x + a_2x^2 + \ldots + a_kx^k + \ldots)(1-x^2)$$

---

[1] Wir werden im Folgenden $\frac{1}{1-x}$ als Kurzform für die Reihe $1 + x + x^2 + \ldots$ benutzen. x ist hier ein Rechensymbol (Unbestimmte im Sinne der Algebra), mit dem man im übrigen so umgeht, wie man es vom Rechnen mit Buchstaben gewohnt ist.

$$= a_0 + a_1 x + (a_2 - a_0)x^2 + (a_3 - a_1)x^3 + \ldots + (a_k - a_{k-2})x^k + \ldots \; .$$

Da zwei Reihen nur gleich sind, wenn sie in ihren Koeffizienten übereinstimmen, gewinnen wir durch Koeffizientenvergleich:

$$1 = a_0, \quad 1 = a_1$$

und $\quad 1 = a_k - a_{k-2} \quad$ für alle übrigen k.

Damit sind die Koeffizienten a_k rekursiv bestimmt durch

$$a_0 = 1, \quad a_1 = 1$$

$$a_k = a_{k-2} + 1 \quad \text{für } k \geq 2 \; .$$

Die Folge der a_k ist damit $1,1,2,2,3,\ldots$, und wir wissen nach dem ersten Schritt:

$$\frac{1}{1-x} \cdot \frac{1}{1-x^2} = 1 + x + 2x^2 + 2x^3 + 3x^4 + \ldots \; .$$

Im *zweiten Schritt* verfahren wir entsprechend:

$$\frac{1}{1-x} \cdot \frac{1}{1-x^2} \cdot \frac{1}{1-x^5} = b_0 + b_1 x + b_2 x^2 + \ldots + b_k x^k + \ldots \; ,$$

also

$$(1 + x + 2x^2 + 2x^3 + 3x^4 + \ldots + a_k x^k + \ldots) \frac{1}{1-x^5} = b_0 + b_1 x + b_2 x^2 + \ldots + b_k x^k + \ldots$$

und daraus

$$1 + x + 2x^2 + 2x^3 + 3x^4 + \ldots + a_k x^k + \ldots \quad = (b_0 + b_1 x + b_2 x^2 + \ldots + b_k x^k + \ldots)(1 - x^5)$$

$$= b_0 + b_1 x + b_2 x^2 + b_3 x^3 + b_4 x^4 + (b_5 - b_0)x^5 +$$

$$+ (b_6 - b_1)x^6 + \ldots + (b_k - b_{k-5})x^k + \ldots \; .$$

Nach Koeffizientenvergleich erhält man für die b_k:

$$b_0 = a_0 = 1, \quad b_1 = a_1 = 1, \quad b_2 = a_2 = 2, \quad b_3 = a_3 = 2, \quad b_4 = a_4 = 3,$$

$$b_k = b_{k-5} + a_k \quad \text{für } k \geq 5 \; .$$

Mit dem dritten und *letzten Schritt* erhalten wir aus

$$\left(\frac{1}{1-x} \cdot \frac{1}{1-x^2} \cdot \frac{1}{1-x^5} \right) \cdot \frac{1}{1-x^{10}} = c_0 + c_1 x + c_2 x^2 + \ldots$$

die Koeffizienten c_k der Reihenentwicklung des Ausgangsproduktes P:

$$c_0 = b_0, \quad c_1 = b_1, \quad \ldots, \quad c_9 = b_9,$$

$$c_k = c_{k-10} + b_k \quad \text{für } k \geq 10 \; .$$

Aus den Rekursionsgleichungen für die c_k, b_k und a_k lassen sich alle Koeffizienten berechnen, insbesondere die gesuchte Anzahl c_{50} (vgl. Aufgabe 1).

Aufgaben

1. Um die gesuchte Anzahl c_{50} zu bestimmen, berechnen wir nacheinander die a_k, b_k, c_k, soweit sie in die Berechnung von c_{50} eingehen. Wegen der besonderen Gestalt der Rekursionsgleichungen kann man dabei in Fünferschritten fortschreiten. Wir beginnen mit der Spalte der a_k, wobei wir ausnutzen, daß a_k gerade der ganzzahlige Anteil von $\frac{k+2}{2}$ ist (warum?)

k	a_k	$b_k = b_{k-5} + a_k$	$c_k = c_{k-10} + b_k$
0	1	1	1
5	3	4	
10	6	10	11
15	8	18	
20	11	29	40
25	13	42	
30	16	58	98
35	18	76	
40	21	97	195
45	23	120	
50	26	146	341

Also ist $c_{50} = 341$.

Bestimme auf dieselbe Weise die Koeffizienten c_{80} und c_{37}, d.h. berechne, auf wie viele Arten sich 80 Pf bzw. 37 Pf in dem gegebenen Münzsystem (ohne das 50 – Pf – Stück) wechseln lassen.

Übrigens: Beim "Geld wechseln" kam es weniger auf die schnelle Berechnung der Anzahl der Wechselmöglichkeiten an, als vielmehr auf die dabei entwickelte Methode zur Koeffizientenberechnung. Bei mehr kombinatorischer Einsicht in das Problem geht's einfacher so:

Ein Betrag von k Pfennigen läßt sich in einem Münzsystem aus 1 – und 2 – Pfennig – Stücken wechseln, indem *entweder* nur 1 – Pfennig – Stücke verwendet werden *oder* mindestens *ein* 2 – Pfennig – Stück. Im ersten Fall gibt es *eine* Möglichkeit zu wechseln; im zweiten stimmt die gesuchte Anzahl mit der Anzahl a_{k-2} der Möglichkeiten überein, einen um zwei Pfennig kleineren Betrag von k – 2 Pfennigen im ursprünglichen Münzsystem zu wechseln. Daher gilt:

$$a_k = a_{k-2} + 1 \,, \quad k \geqq 2 \,.$$

Wie läßt sich entsprechend argumentieren, um die übrigen beiden Rekursionsglei-chungen kombinatorisch zu begründen?

2. Auf wie viele Arten läßt sich ein 50 – Cent – Stück wechseln? (Im amerikanischen Münzsystem gibt es 5 – , 10 – und 25 – Cent – Stücke.)

3. Auf wie viele Arten läßt sich die Zahl 20 als Summe natürlicher Zahlen schrei-ben, wenn als Summanden nur 1, 2 und 3 vorkommen dürfen?

Geld wechseln – schön der Reihe nach

In den vorangegangenen Aufgaben fragten wir stets, auf wie viele Arten sich ein gegebener Betrag in einem Münzsystem wechseln läßt. Was ist zu tun, wenn wir wissen wollen, wie alle diese "Wechsel" aussehen?

Wie sehen z.B. alle 341 "Wechsel" von 50 Pf aus?

Man könnte sie nacheinander etwa so erzeugen: Liegt z.B. der Wechsel

auf dem Tisch, so

nimm mit der kleinsten noch zu wechselnden Münze alle kleineren Münzen auf
(1. Schritt);

lege den aufgenommenen Betrag mit möglichst großen Münzen, die jedoch kleiner sind als alle noch liegenden (und die aufgenommenen), wieder hin
(2. Schritt);

wiederhole dieses Verfahren, bis keine Münze mehr zu wechseln ist
(3. Schritt).

Auf dem Tisch liegt dann

nach dem *ersten Schritt*:

nach dem *zweiten Schritt*:

usw.

Sollen mit diesem Algorithmus alle Wechsel eines Betrages erzeugt werden, so beginnt man, indem der Betrag mit möglichst großen Münzen gelegt wird. Welches sind dann die sechs ersten Wechsel von 50 Pf und welches die sechs letzten Wechsel von 50 cent?

4.a) Beweise die Identität

$$1 + x + x^2 + \ldots + x^n \;=\; \frac{1-x^{n+1}}{1-x} \,.$$

b) Man beweise die Identität

$$(1+x+x^2+\ldots+x^9)(1+x^{10}+x^{20}+\ldots+x^{90})(1+x^{100}+x^{200}+\ldots+x^{900})\ldots \;=\; \frac{1}{1-x} \,.$$

c) Warum zeigt die Identität aus Teil b), daß jede natürliche Zahl im Dezimalsystem geschrieben werden kann, und zwar nur auf eine Weise?

5. *Eine natürliche Zahl läßt sich auf ebenso viele Arten in Summanden zerlegen, von denen der größte gleich n ist, wie es Möglichkeiten gibt, sie als Summe von genau n Summanden zu schreiben* (Euler).

Dieses Ergebnis kann man auf direktem Wege gewinnen: Schreibt man z.B. für die Zerlegung $14 = 6 + 3 + 3 + 2$ mit 6 als größtem Summanden das Diagramm

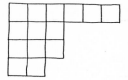

so gewinnt man durch "Stürzen" das Diagramm

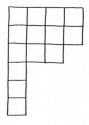

welches die Zerlegung $14 = 4 + 4 + 3 + 1 + 1 + 1$ mit genau 6 Summanden beschreibt. Auf diese Weise entsteht aus jeder Zerlegung der ersten Art genau eine der zweiten Art und umgekehrt (warum?), womit es von beiden Arten gleichviele gibt (Methode der sogenannten *Ferrer – Diagramme*[1]).

Nicht immer läßt sich ein derartiger Satz mit der Ferrer – Methode so einfach begründen. Häufig geht es auf rein algebraischem Wege leichter:

6.* Zeige durch Vergleich von Produktansätzen: *Eine natürliche Zahl läßt sich auf ebensoviele Weisen in verschiedene Summanden zerlegen wie in ungerade* (Euler).

In den nächsten Aufgaben werden weitere algebraische Identitäten entwickelt und zur Koeffizientenberechnung benutzt.

7.a) k Freikarten lassen sich unter n Kindern auf

$$\binom{k+n-1}{n-1}$$

Arten verteilen, wenn auch Kinder leer ausgehen dürfen (vgl. Aufgabe 13.b zu den Pascalzahlen, Abschnitt 1.3). Wieso folgt daraus die Identität

$$\frac{1}{(1-x)^n} = 1 + \binom{1+n-1}{1}x + \binom{2+n-1}{2}x^2 + \ldots + \binom{k+n-1}{k}x^k + \ldots \; ?$$

---

1) Nach Norman MacLead Ferrer (1829 – 1903).

b) Nehmen wir an, jedes Kind soll wenigstens eine Karte erhalten, wie läßt sich dann das Kartenverteilungsproblem als Zahlzerlegungsproblem deuten?

8. Jemand will den Koeffizienten von x^k in $f(x) = (1 + x + x^2 + \ldots + x^m)^n$ berechnen. Hierzu ersetzt er $f(x)$ durch $(1 + x + x^2 + \ldots)^n$, da er die Koeffizienten von $\frac{1}{(1-x)^n}$ kennt. Überrascht stellt er fest, daß er bei diesem Verfahren nur manchmal zum richtigen Ergebnis kommt. Für welche k macht er keinen Fehler?

9.a) Auf wie viele Arten lassen sich 25 Briefe auf sieben Fächer verteilen, wenn ins erste Fach höchstens 10 gelegt werden dürfen und für die anderen Fächer keine Beschränkungen bestehen?

b) Löse das Problem ohne die Methode der erzeugenden Reihe.

10. Man beweise die Identität

$$(1-x^m)^n = 1 - \binom{n}{1}x^m + \binom{n}{2}x^{2m} - \ldots + (-1)^k \binom{n}{k}x^{km} + \ldots + (-1)^n \binom{n}{n}x^{nm} \;.$$

11. Auf wie viele Arten läßt sich mit 10 Würfeln die Augensumme 27 werfen?

Mit Hilfe der Methode der erzeugenden Reihe lassen sich viele kombinatorische Identitäten gewinnen.

12. Man bestimme den Koeffizienten von x^k in der Entwicklung von $(1 + x)^n \cdot (1 + x)^m$ und in der Entwicklung von $(1 + x)^{n+m}$. Beweise damit die Identität

$$\binom{n}{0}\binom{m}{k} + \binom{n}{1}\binom{m}{k-1} + \ldots + \binom{n}{k}\binom{m}{0} = \binom{n+m}{k} \;.$$

13. Beweise mit der Strategie aus Aufgabe 12 die Rekursionsformel der Binomialkoeffizienten

$$\binom{n}{k} = \binom{n-1}{k-1} + \binom{n-1}{k} \;.$$

Hinweise zu den Aufgaben

Zu 3:   Man orientiere sich eng an der Lösung des Geldwechselproblems in Abschnitt 3.2.

Zu 4.a: Übertragen Sie die Beweisidee für die Beziehung $\frac{1}{1-x} = 1 + x + x^2 + \ldots$.

    b: Wenden Sie die Identität aus Teil a) an.

    c: Man benutze die Entwicklung für $\frac{1}{1-x}$ und interpretiere das Ergebnis.

Zu 6:   Der Produktansatz zur Zerlegung in ungerade Summanden ist
$$f(x) = (1 + x + x^2 + \ldots)(1 + x^3 + x^6 + \ldots)(1 + x^5 + x^{10} + \ldots) \ldots \;.$$

Zu 7.a: Zu jedem Kind gehört die erzeugende Reihe $(1 + x + x^2 + x^3 + \ldots)$.

Zu 8:   Entwickeln Sie $f(x)$ und $\frac{1}{(1-x)^n}$ jeweils in eine Reihe. Von welcher Stelle an unterscheiden sich die Koeffizienten?

Zu 9.a: Man verwende für die algebraischen Umformungen des Produktansatzes die Identitäten aus Aufgabe 4.a und 7.a sowie die Beziehung (2) des Abschnittes 2.2.

    b: Bestimmen Sie zunächst die Anzahl der Möglichkeiten, die 25 Briefe auf die sieben Fächer zu verteilen, wenn für kein Fach eine Beschränkung bestünde. Da jedoch ins erste Fach höchstens 10 Briefe gelegt werden dürfen, ist von dem Ergebnis die Anzahl der Möglichkeiten abzuziehen, (25 − 11) Briefe auf sieben Fächer zu verteilen.

Zu 10:   Ersetzen Sie in der Entwicklung von $(1 + x)^n$ das x durch $(- x^m)$.

Zu 11:   Man verwende die Identitäten der Aufgaben 4.a und 10 sowie die Identität (2) des Abschnitts 2.2.

Zu 13:   Bestimmen Sie den Koeffizienten von x^k in der Entwicklung von $(1 + x)(1 + x)^{n-1}$ und in der Entwicklung von $(1 + x)^n$.

Beobachtung ist die unerschöpfliche Quelle der Entdeckung ...
Charles Hermite (1822 – 1901)

2.3 Eine Beobachtung an DIN – Papier

Im letzten Abschnitt lernten wir ein Verfahren kennen, wie man die Koeffizienten der erzeugenden Reihe zu einer großen Klasse von Abzählproblemen berechnen kann. In diesem Abschnitt behandeln wir ein Beispiel für den Fall, daß *die Koeffizienten der erzeugenden Reihe einer rekursiven Beziehung genügen.*

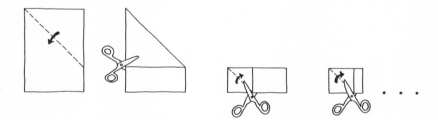

Falten Sie ein DIN – A4 – Blatt wie in der Figur, und schneiden Sie das entstehende Restrechteck ab. Vom Restrechteck lassen sich nun auf dieselbe Weise *zwei* Quadrate abschneiden. Wieder bleibt ein Rechteck übrig, von dem sich – wenn Sie genau genug arbeiten und wirklich DIN – Papier benutzt haben – wiederum zwei Quadrate abschneiden lassen. Dieser Prozeß bricht nicht ab, da jedes Restrechteck zum vorhergehenden ähnlich ist.

Wie kann man, ohne DIN – Papier zu benutzen, ein Rechteck herstellen, das der beschriebenen Eigenschaft unserer Restrechtecke möglichst nahe kommt?

Dazu kehren wir den Abschneideprozess um und lagern fortgesetzt zwei Quadrate an. Wir beginnen mit einem Quadrat der Seitenlänge 1. Im ersten Schritt fügen wir zwei Quadrate der Seitenlänge 1 an, im zweiten Schritt dann zwei Quadrate der Seitenlänge 3 (siehe nächste Figur), usw. So wie oben die Rechtecke sehr rasch immer kleiner wurden, werden sie hier sehr rasch größer.

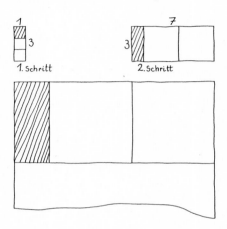

Bezeichnet L_k die längere Seite des k – ten Rechtecks – das erste Rechteck ist unser Anfangsquadrat –, so ist

(3) $L_1 = 1$, $L_2 = 3$

und somit

$$L_3 = 2L_2 + L_1 = 7$$
$$L_4 = 2L_3 + L_2 = 17$$
$$L_5 = 2L_4 + L_3 = 41$$

und schließlich allgemein:

(4) $L_k = 2L_{k-1} + L_{k-2}$ für $k \geqq 3$.

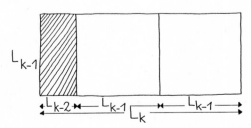

Aus den Gleichungen (3) und (4) läßt sich die längere Seite jedes Rechtecks rekursiv bestimmen, doch ist nicht sofort ersichtlich, wie groß z.B. L_{100} ist. Wir suchen daher eine Formel, mit der L_k aus k ohne Bezug auf L_{k-1} und L_{k-2} berechnet werden kann. Wir benutzen dazu die Methode der erzeugenden Reihe.

Wir "verpacken" die Folge L_0, L_1, L_2, ... der Seitenlängen algebraisch in die er-zeugende Reihe

$$f(x) = L_0 + L_1x + L_2x^2 + \ldots + L_kx^k + \ldots .$$

Da wir kein nulltes Rechteck gelegt haben, ist $L_0 = 0$ zu setzen. L_k – d.h. die linke Seite der rekursiven Beziehung (4) – ist dann gerade der Koeffizient von x^k. Für welche Reihe ist dann die rechte Seite von (4) Koeffizient von x^k?

Nun, $2L_{k-1}$ gehört zu x^k in der Reihe

$$2xf(x) = 2L_0x + 2L_1x^2 + \ldots + 2L_{k-1}x^k + \ldots$$

und entsprechend L_{k-2} zu x^k in der Reihe

$$x^2f(x) = L_0x^2 + L_1x^3 + \ldots + L_{k-2}x^k + \ldots .$$

Daher ist die rechte Seite von (4) Koeffizient von x^k in $2xf(x) + x^2f(x)$. Deswegen verschwinden in der Reihe

$$f(x) - 2xf(x) - x^2f(x)$$

alle Koeffizienten von x^k für k≧3:

$$
\begin{array}{l}
f(x) = L_0 + L_1x + L_2x^2 + L_3x^3 + \ldots + L_kx^k + \ldots \\
-2xf(x) = \quad\quad -2L_0x - 2L_1x^2 - 2L_2x^3 - \ldots - 2L_{k-1}x^k - \ldots \\
-x^2f(x) = \quad\quad\quad\quad\quad -L_0x^2 - L_1x^3 - \ldots - L_{k-2}x^k - \ldots \\
\hline
f(x)-2xf(x)-x^2f(x) = 0 + 1x + 1x^2 + 0x^3 + \ldots + 0x^k + \ldots \\
\quad\quad\quad\quad\quad\quad\quad\quad\quad = x + x^2
\end{array}
$$

Nach Ausklammern hat f(x) somit die geschlossene Darstellung

$$f(x) = \frac{x+x^2}{1-2x-x^2} = x \cdot \frac{1+x}{1-2x-x^2}$$

Das gesuchte L_k ist jetzt der Koeffizient von x^k in der Entwicklung der rechten Seite, d.h. der Koeffizient von x^{k-1} in der Entwicklung von $\frac{1+x}{1-2x-x^2}$. Unser Ziel ist daher, diesen Bruch in eine Reihe zu entwickeln.

Angenommen, es gelingt, geeignete Zahlen a,b und A,B zu finden, so daß

(5) $$\frac{1+x}{1-2x-x^2} = \frac{A}{1-ax} + \frac{B}{1-bx}$$

gilt. Dann können wir die Teilbrüche der rechten Seite einzeln entwickeln, wenn wir in der Identität (2) des vorigen Abschnitts für x ax bzw. bx setzen:

$$\frac{A}{1-ax} + \frac{B}{1-bx} = A[1 + ax + (ax)^2 + \dots + (ax)^{k-1} + \dots]$$
$$+ B[1 + bx + (bx)^2 + \dots + (bx)^{k-1} + \dots]$$
$$= (A+B) + (Aa+Bb)x + (Aa^2+Bb^2)x^2 + \dots + (Aa^{k-1}+Bb^{k-1})x^{k-1} + \dots$$

Der Koeffizient x^{k-1} ($k \geq 1$) ist also $Aa^{k-1} + Bb^{k-1}$ und damit

(6) $$L_k = Aa^{k-1} + Bb^{k-1} .$$

Bleibt nur noch, die gesuchten Zahlen a,b und A,B der Partialbruchzerlegung (5) zu finden.

Nun ist (5) gleichbedeutend mit

$$\frac{1+x}{1-2x-x^2} = \frac{A(1-bx)+B(1-ax)}{(1-ax)(1-bx)} ,$$

und diese Gleichung ist erfüllt, wenn Zähler und Nenner beider Seiten überein-stimmen. Aus dem Vergleich der Nenner gewinnt man

$$a = 1+\sqrt{2} \quad \text{und} \quad b = 1-\sqrt{2},$$

der Vergleich der Zähler führt zu

$$A = \frac{1+\sqrt{2}}{2} \quad \text{und} \quad B = \frac{1-\sqrt{2}}{2} .$$

Mit (6) folgt daher

$$L_k = \frac{1+\sqrt{2}}{2}(1+\sqrt{2})^{k-1} + \frac{1-\sqrt{2}}{2}(1-\sqrt{2})^{k-1} ,$$

oder

(7) $$L_k = \frac{1}{2}[(1+\sqrt{2})^k + (1-\sqrt{2})^k], \quad k \geq 1 .$$

Damit haben wir eine Formel gefunden, mit der L_k aus k ohne Rückgriff auf L_{k-1} und L_{k-2} berechnet werden kann. Zugleich entwickelten wir eine starke Methode, um viele rekursiv gegebene Folgen auch explizit berechnen zu können.

Abschließend stellen wir fest, daß das fortgesetzte Anlagern von zwei Quadraten an ein Ausgangsquadrat tatsächlich zu Rechtecken mit der gewünschten Eigenschaft führt: Da $1 - \sqrt{2}$ dem Betrage nach kleiner als 1 ist, unterscheidet sich wegen (7) L_k mit wachsendem k immer weniger von $\frac{1}{2} \cdot (1 + \sqrt{2})^k$. Daher ist für große k $L_k \approx \frac{1}{2} \cdot (1 + \sqrt{2})^k$ und somit die Beziehung

$$\frac{L_k}{L_{k-1}} \approx \frac{L_{k-1}}{L_{k-2}}$$

mit wachsendem k immer besser erfüllt.

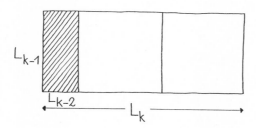

Also ist das äußere Rechteck mit den Seiten L_k und L_{k-1} dem inneren mit den Seiten L_{k-1} und L_{k-2} umso ähnlicher, je größer k ist. Somit können wir jetzt tatsächlich Rechtecke herstellen, die der Eigenschaft unserer Restrechtecke vom Beginn dieses Abschnittes möglichst nahe kommen.

Aufgaben

1. Papier mit DIN – Format ist dadurch gekennzeichnet, daß *sich sein Seitenver-hältnis durch Halbieren nicht ändert.*
a) Wie groß ist das Seitenverhältnis jedes Papiers mit DIN – Format?

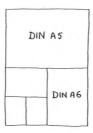

Zu Beginn dieses Abschnitts beobachteten wir, daß – ausgehend von DIN – Papier – das wiederholte Abschneiden von Quadraten zu Restrechtecken führt, die jeweils zum vorhergehenden ähnlich sind.

b) Man zeige, daß diese Eigenschaft aus der Definition des DIN – Formats folgt!

Da jedes Restrechteck zum vorhergehenden ähnlich ist, bricht der Abschneideprozeß nicht ab. Dies zeigt übrigens die Irrationalität von $\sqrt{2}$.

2. Wir legen quadratische Fliesen – beginnend mit zwei Fliesen der Kantenlänge 1 – nach folgendem Muster:

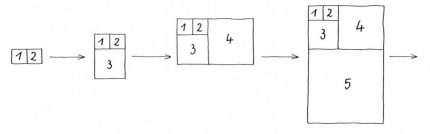

Wir bezeichnen die Kantenlänge der k – ten Fliese mit F_k.
a) Welcher Rekursion genügt die Folge der F_k?
b) Zeige mit Hilfe der Methode der erzeugenden Reihe, daß sich die Kantenlänge der k – ten Fliese mit der expliziten Formel

$$F_k = \frac{1}{\sqrt{5}} \left[\left(\frac{1+\sqrt{5}}{2}\right)^k - \left(\frac{1-\sqrt{5}}{2}\right)^k \right]$$

berechnen läßt. (In der erzeugenden Reihe ist $F_0 = 0$ zu setzen, da wir keine nullte Fliese gelegt haben.)
3. Ähnlich wie die Folge der L_k aus diesem Abschnitt hat auch die Folge der F_k aus Aufgabe 2 eine interessante Approximationseigenschaft.

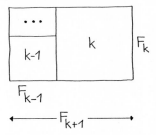

a) Zeige, daß sich das Kantenlängenverhältnis $F_k : F_{k-1}$ der Fliesen mit wachsendem k immer weniger von $\frac{1+\sqrt{5}}{2}$ unterscheidet.

Das innere Rechteck mit den Seiten F_k und F_{k-1} ist daher dem äußeren mit den Seiten F_{k+1} und F_k umso ähnlicher, je größer k ist, d.h. die Approximation

$$\frac{F_{k+1}}{F_k} \approx \frac{F_k}{F_{k+1} - F_k}$$

wird mit wachsendem k immer besser.

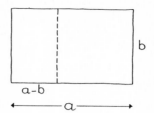

Rechtecke mit den Seiten a,b und der Eigenschaft

$$\frac{a}{b} = \frac{b}{a-b}$$

nennen wir *goldene Rechtecke*, da die Seite a durch b im goldenen Schnitt geteilt wird.

b) Zeige: Für ein goldenes Rechteck mit der Seite a = 1 ist b = $\frac{\sqrt{5}-1}{2}$.

4. Bereits *Leonardo von Pisa* (etwa 1175 – 1228; auch *Fibonacci*, d.h. Sohn des Bonacci, genannt) kannte ein Problem, das auf die Zahlen F_k führt. Sie heißen daher *Fibonacci – Zahlen*. Ihre explizite Darstellung wurde erst sehr viel später von dem französischen Mathematiker De Moivre (1667 – 1754) gefunden.

a) Ein Kaninchenpaar wirft vom dritten Monat an Monat für Monat ein neues Paar. Jedes hinzukommende Paar vermehrt sich in derselben Weise. Wie viele Kaninchenpaare leben nach k Monaten? (Problem des Fibonacci aus dem "Liber abaci", 1202)

b) Jemand will eine k – stufige Treppe hinaufgehen. Er nimmt mit einem Mal immer ein oder zwei Stufen und beginnt mit der ersten. Auf wie viele Arten kann er die k Stufen der Treppe nehmen?

c) Wie lautet die Rekursionsvorschrift, wenn er auch drei Stufen mit einem Mal nehmen kann?

d) Auf wie viele Arten lassen sich die k Felder

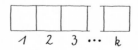

mit den zwei Farben Rot und Blau so färben, daß keine roten Felder benachbart sind?

e) Welche Lösung hat die Fibonacci – Rekursion bei den Anfangswerten $G_1 = 1$, $G_2 = 3$?

5. Es gibt eine Vielzahl interessanter Beziehungen zwischen den Fibonacci – Zahlen, aber auch zu anderen Zahlen, z.B. den Pascal – Zahlen. Es folgt eine kleine Auswahl:

a) Schreibt man das Pascalsche Dreieck so auf, daß die Einsen untereinander stehen, so ist die Summe der Zahlen längs der k-ten ausgezogenen Linie gleich der Fibonacci-Zahl F_k. Warum?

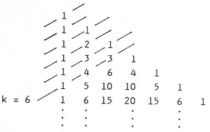

b) Zeige: Die Summe der ersten k Fibonacci-Zahlen ist gleich $F_{k+2} - 1$.

c) Man beweise die Identität $F_1^2 + F_2^2 + \ldots + F_k^2 = F_k \cdot F_{k+1}$.
Wie läßt sich diese Beziehung geometrisch begründen (vgl. Aufgabe 2)?

d) Zeige: $F_k^2 - F_{k+1}F_{k-1} = (-1)^{k-1}$ $(k \geq 2)$.

6.* Zerlegt man ein Schachbrett in vier Teile und setzt sie wie in der Figur zu einem Rechteck zusammen, so hat man aus einem Quadrat von 64 cm^2 ein Rechteck von 65 cm^2 gewonnen. Wo ist der Fehler?

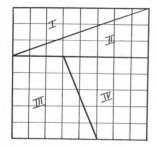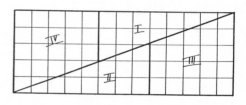

Versuchen Sie dasselbe mit einem 5x5-Brett. In welchem Zusammenhang steht das alles mit den Fibonacci-Zahlen?

Hinweise zu den Aufgaben

Zu 4.a: Man überlege sich, wie sich die Anzahl der Paare im k-ten Monat aus den Anzahlen in den beiden vorhergehenden Monaten ergibt, wenn man bedenkt, daß die Paare erst ab dem dritten Lebensmonat werfen.

   d: Machen Sie eine Fallunterscheidung nach dem k-ten Feld.

Zu 5.a: Zeigen Sie, daß die k-te Liniensumme der Fibonacci-Rekursion genügt.

   b: Man schreibe die Fibonacci-Rekursion in der Form $F_{k-1} = F_k - F_{k-2}$ und summiere geschickt auf.

   c: Man deute beide Seiten der Identität als Flächeninhalte (vergleiche dazu die Gewinnung der Fibonacci-Zahlen in Aufgabe 2).

   d: Man benutze die explizite Darstellung von F_k.

Zu 6: 8, 5 und 13 sind Fibonacci-Zahlen. Bringen Sie die Identität aus Aufgabe 5.d ins Spiel.

> ... das Schachspiel besitzt den wunderbaren Vorzug, durch Bannung der
> geistigen Energien auf ein engbegrenztes Feld selbst bei anstrengendster
> Denkleistung das Gehirn nicht zu erschlaffen, sondern eher seine Agilität
> und Spannkraft zu schärfen.
>
> Stefan Zweig, Schachnovelle, 1943

2.4 Verbotene Turmstellungen

Die Abzählstrategie, die wir in diesem Abschnitt entwickeln werden, kombiniert das
Abzählprinzip vom Ein – und Ausschluß mit der Methode der erzeugenden Reihe
und damit zwei wichtige der bisher behandelten Lösungsmethoden. Mit diesem
Verfahren schließt auch der Teil des Buches, der sich ausschließlich mit Abzählproblemen beschäftigt.

*Auf wie viele Arten lassen sich fünf Türme auf das 5x5 – Brett der Figur setzen, so
daß sie sich nicht gegenseitig schlagen können und kein Turm auf einem verbotenen
(angekreuzten) Feld steht?*

Die Kreuze markieren
die verbotenen Felder.

Wesentlich ist die Idee, statt der erlaubten die verbotenen Turmstellungen zu zählen. Die Anzahl der erlaubten ergibt sich dann aus der Differenz der Anzahl aller
– nämlich 5! – und der Anzahl der verbotenen Stellungen[1].

Der Vorteil dieses Ansatzes liegt darin, daß sich die Gesamtheit der verbotenen
Stellungen als Vereinigungsmenge schreiben und damit mit dem Prinzip vom Ein –
und Ausschluß auszählen läßt. Ist nämlich A_i die Menge aller Stellungen von fünf

---

[1] Vergleiche auch die zweite Fassung des Prinzips vom Ein – und Ausschluß im Mathematischen
Leitfaden.

nicht – schlagenden Türmen auf dem *vollen* 5x5 – Brett (die verbotenen Felder ein-
geschlossen), bei denen der Turm in der i – ten Zeile eine verbotene Position einnimmt, so ist die Vereinigungsmenge $A_1 \cup A_2 \cup A_3 \cup A_4 \cup A_5$ aller A_i gerade die
Menge der verbotenen Turmstellungen. Für die Anzahl ihrer Elemente gilt dann:

$$
\begin{aligned}
|A_1 \cup \ldots \cup A_5| = \ & |A_1| + \ldots + |A_5| \\
& - |A_1 \cap A_2| - \ldots - |A_4 \cap A_5| \\
& + |A_1 \cap A_2 \cap A_3| + \ldots + |A_3 \cap A_4 \cap A_5| \\
& - |A_1 \cap A_2 \cap A_3 \cap A_4| - \ldots - |A_2 \cap A_3 \cap A_4 \cap A_5| \\
& + |A_1 \cap \ldots \cap A_5|
\end{aligned}
$$

(1)

Wir werden zunächst die Summanden und Zeilen der rechten Seite der Formel (1)
kombinatorisch interpretieren und erst im nächsten Schritt mit dieser Interpretation
die Anzahl der verbotenen Turmstellungen berechnen.

Beginnen wir mit der kombinatorischen Deutung der ersten Zeile. Zur Berechnung
von $|A_1|$ hat man jede Möglichkeit, einen Turm auf ein verbotenes Feld der ersten
Zeile zu setzen, mit jeder der 4! Setzmöglichkeiten für die übrigen vier Türme –
sie dürfen auch auf verbotene Felder gesetzt werden – zu kombinieren (Produktregel). Denkt man sich die Türme zeilenweise gesetzt, so kann man entweder zuerst
die erste oder die zweite oder ... oder die letzte Zeile falsch besetzen. Daher ist nach
der Summenregel:

$$
|A_1| + \ldots + |A_5| = \left(\begin{array}{c} \text{Anzahl der Möglichkeiten, } \textit{einen}\text{ Turm} \\ \text{auf die verbotenen Felder des obigen} \\ \text{Brettes zu setzen} \end{array}\right) \cdot 4!
$$

Entsprechend läßt sich die Summe $|A_1 \cap A_2| + \ldots + |A_4 \cap A_5|$ der Anzahlen der
Zweierdurchschnitte deuten: $|A_2 \cap A_4|$ z.B. gibt an, auf wie viele Arten sich fünf
nicht – schlagende Türme auf das volle 5x5 – Brett setzen lassen, wenn die Türme
der zweiten und vierten Zeile auf verbotenen Positionen stehen. Wieder folgt mit
Produkt – und Summenregel:

$$
|A_1 \cap A_2| + \ldots + |A_4 \cap A_5| = \left(\begin{array}{c} \text{Anzahl der Möglichkeiten, } \textit{zwei} \\ \text{nicht-schlagende Türme auf die} \\ \text{verbotenen Felder des obigen} \\ \text{Brettes zu setzen} \end{array}\right) \cdot 3!
$$

Auch die übrigen Anzahlsummen der rechten Seite von Formel (1) lassen sich entsprechend interpretieren. Bezeichnet daher t_k die Anzahl der Möglichkeiten, k
nicht – schlagende Türme (k = 1,...,5) auf die verbotenen Felder des obigen Brettes
zu stellen, so können wir für Formel (1) auch schreiben

$$
|A_1 \cup \ldots \cup A_5| = t_1 \cdot 4! - t_2 \cdot 3! + t_3 \cdot 2! - t_4 \cdot 1! + t_5 \cdot 0! \, .
$$

Die Anzahl der erlaubten Turmstellungen ist dann gleich

$$(2) \quad 5! - |A_1 \cup \ldots \cup A_5| = 5! - t_1 \cdot 4! + t_2 \cdot 3! - t_3 \cdot 2! + t_4 \cdot 1! - t_5 \cdot 0! \; .$$

Das Problem ist damit verlagert auf die Bestimmung der t_k. Ihre systematische Berechnung wird uns sogleich beschäftigen.

Zerschneiden von Brettern

Wir wenden uns jetzt der Frage zu, wie man systematisch die Anzahl der Möglich—keiten bestimmt, k nicht – schlagende Türme auf die verbotenen Felder eines Brettes zu setzen. Es liegt nahe, zunächst Erfahrungen an Brettern mit wenigen Feldern zu sammeln. (Wir zeichnen von jetzt an nur noch die verbotenen Felder der Bretter).

Sind k nicht – schlagende Türme beispielsweise auf das Brett B

zu setzen, so lassen sich die t_k zu diesem Brett – schreiben wir sie $t_k(B)$ – direkt ablesen: Es gibt drei Möglichkeiten, *einen* Turm zu setzen, d.h. $t_1(B) = 3$; zwei nicht – schlagende Türme lassen sich nur auf eine Weise setzen, drei und mehr auf keine Weise, d.h. $t_2(B) = 1$ und $t_k(B) = 0$ für $k \geq 3$.

Ebenso liest man ab, daß beispielsweise zu dem Brett B'

die Werte $t_1(B') = 4$, $t_2(B') = 3$ und $t_k(B') = 0$ für $k \geq 3$ gehören.

Unser Ziel ist es nun, die Berechnung der t_k für große Bretter (wie das Brett der verbotenen Felder vom Beginn dieses Abschnitts) so lange auf die Berechnung der t_k für kleinere Bretter zurückzuführen, bis sie sich direkt ablesen lassen. Dies gelingt durch geeignetes Zerschneiden großer Bretter.

Erste Methode: Zerschneiden in disjunkte Bretter

Läßt sich ein Brett so aus Teilbrettern zusammengesetzt denken, daß auf verschie—dene Teilbretter gesetzte Türme sich gegenseitig niemals schlagen können, so sagt man, daß es *in disjunkte Teilbretter zerfällt*. So zerfällt z.B. das Brett

in die disjunkten Teilbretter

Zerfällt das Brett B in die disjunkten Teilbretter B' und B", so lassen sich k nicht – schlagende Türme auf das Brett B setzen, indem man

Anzahl der Setz –
möglichkeiten

entweder	0 Türme auf B' *und* k Türme auf B"	$t_k(B")$
oder	. . . .	
oder	j Türme auf B' *und* k – j Türme auf B"	$t_j(B')t_{k-j}(B")$
oder	. . . .	
oder	k Türme auf B' *und* 0 Türme auf B"	$t_k(B')$

setzt (Produktregel). Nach der Summenregel erhält man die gesuchte Anzahl durch Aufsummieren der Produkte in der rechten Spalte. Mit der Festsetzung $t_0(B')$ = $t_0(B")$ = 1 gilt

$$(3) \quad t_k(B) = t_0(B')t_k(B") + \ldots + t_j(B')t_{k-j}(B") + \ldots + t_k(B')t_0(B").$$

Summen von Produkten dieser Art sind uns bereits mehrfach begegnet (vgl. Abschnitt 2.1 und 2.2), die Anwendung der Methode der erzeugenden Reihe drängt sich auch hier auf.

Zur Folge $t_0(B)$, $t_1(B)$, ..., $t_k(B)$, ... gehört die erzeugende Reihe

$$T(x,B) = t_0(B) + t_1(B)x + \ldots + t_k(B)x^k + \ldots .$$

Die Reihe T(x,B) bricht ab, da auf jedes Brett nur endlich viele Türme gesetzt werden können. Wir nennen T(x,B) *das zum Brett B gehörige Turmpolynom.*

Aus (3) folgt dann: Zerfällt das Brett B disjunkt in die Bretter B' und B", so gilt für die zugehörigen Turmpolynome

$$(3') \quad \boxed{T(x,B) \;=\; T(x,B')\cdot T(x,B'')}$$

Mit diesem Ergebnis lassen sich auf algebraischem Wege die t_k großer disjunkt zerlegbarer Bretter auf die t_k kleinerer Bretter zurückführen. So ist etwa

$$T\!\left(x,\;\square\right) \;=\; T\!\left(x,\;\square\right)\cdot T\!\left(x,\;\square\right)$$

$$=\; \left(1+3x+x^2\right)\left(1+3x+x^2\right)$$

$$=\; 1+6x+11x^2+6x^3+x^4$$

Daher gibt es z.B. 11 Möglichkeiten, zwei nicht – schlagende Türme auf das Brett

zu stellen.

Zweite Methode: Zerschneiden nach einem Feld[1]

Auch wenn ein Brett nicht in disjunkte Teilbretter zerfällt, läßt sich das Setzen der k Türme als Setzen auf bestimmte Teilbretter deuten, wenn man sich eines seiner Felder ausgezeichnet denkt.

Denkt man sich z.B. in dem Brett B

---

[1] Die zweite Methode ist auf jedes Brett anwendbar, aber nicht so effektiv wie die erste.

das rechte obere Feld ausgezeichnet (seine Markierung ist fett gedruckt), so kann man *entweder* dieses Feld nicht besetzen. In diesem Fall sind alle k Türme auf die übrigen Felder zu setzen, d.h. auf das Teilbrett B'

 ,

das aus dem Brett B durch Fortlassen des ausgezeichneten Feldes entsteht. *Oder* man setzt einen der Türme auf das ausgezeichnete Feld. Dann sind die übrigen k – 1 Türme auf die durch den bereits gesetzten Turm nicht bedrohten Felder zu setzen, d.h. auf das Teilbrett B"

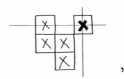 ,

das aus dem Brett B durch Fortlassen der Zeile und Spalte des ausgezeichneten Feldes entsteht. Daher ist nach der Summenregel

(4) $t_k(B) = t_k(B') + t_{k-1}(B")^{1)}$.

Aus (4) folgt dann: Wird ein Brett B nach einem ausgezeichneten Feld in die Teilbretter B' und B" zerschnitten, so gilt

(4') $\boxed{T(x,B) = T(x,B') + x\, T(x,B")}$,

da der Koeffizient von x^k der rechten Seite gerade $t_k(B') + t_{k-1}(B")$ ist (warum?).

Wendet man dieses Ergebnis auf das Brett

1) $t_{-1}(B")$ ist gleich Null zu setzen.

an, so erhält man (vgl. Seite 87)

$$T\left(x, \; \boxed{\text{Brett}}\right) \;=\; T\left(x, \; \boxed{\text{Brett}}\right) + x \cdot T\left(x, \; \boxed{\text{Brett}}\right)$$

$$= \left(1 + 4x + 3x^2\right) + x\left(1 + 3x + x^2\right)$$

$$= 1 + 5x + 6x^2 + x^3$$

Jetzt kehren wir zum Ausgangsproblem und damit zum Brett der ersten Figur dieses Abschnitts zurück, um daran die beiden Zerschneidungsmethoden zu erproben:

$$T\left(x, \; \boxed{\text{Brett}}\right) = T\left(x, \; \boxed{\text{Brett}}\right) + x\, T\left(\; \boxed{\text{Brett}}\right)$$

$$= T(x, \boxed{\text{X}}) \cdot T\left(x, \boxed{\text{Brett}}\right) + x\left[T\left(x, \boxed{\text{Brett}}\right) + x \cdot T(x, \boxed{\text{X}})\right]$$

$$= (1+x)\left[T\left(x, \boxed{\text{Brett}}\right) + x \cdot T\left(x, \boxed{\text{Brett}}\right)\right] + x\left[1 + 3x + 2x^2 + x(1+x)\right]$$

$$= (1+x)\left[T(x, \boxed{\text{X}}) \cdot T\left(x, \boxed{\text{Brett}}\right) + x\left(1 + 3x + x^2\right)\right] + x\left(1 + 4x + 3x^2\right)$$

$$= (1+x)\left[(1+x)\left(1 + 4x + 3x^2\right) + x + 3x^2 + x^3\right] + x + 4x^2 + 3x^3$$

$$= 1 + 8x + 20x^2 + 17x^3 + 4x^4$$

Die Koeffizienten t_k des Turmpolynoms zum Brett des Ausgangsproblems sind damit bestimmt. Nach Gleichung (2) gibt es daher

$$5! - 8 \cdot 4! + 20 \cdot 3! - 17 \cdot 2! + 4 \cdot 1! - 0 \cdot 0! \;=\; 18$$

erlaubte Turmstellungen.

Aufgaben

1. t_k sei die Anzahl der Möglichkeiten, k nicht – schlagende Türme auf ein gegebenes Brett B zu setzen. Warum bricht die erzeugende Reihe $T(x,B) = t_0 + t_1 x + \ldots$ ab?

2. Man bestimme das Turmpolynom für die folgenden Bretter

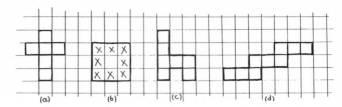

3. Wie lautet das Turmpolynom eines gewöhnlichen Schachbretts?
4. Zeige, daß sich das Brett

nach Vertauschung geeigneter Zeilen und Spalten disjunkt zerlegen läßt.
5. Man gebe zwei verschiedene Bretter mit demselben Turmpolynom an. (Die Bretter sollen nicht durch Vertauschen von Zeilen und Spalten auseinander hervorgehen.)
6. Die fünf Parallelklassen a,b,c,d,e der achten Jahrgangsstufe einer großen Schule sollen auf die Klassenräume A,B,C,D,E verteilt werden. Klasse a möchte nicht in Raum B, Klasse b nicht in A und C, c nicht in A und B, d nicht in C und E und Klasse e nicht in Raum C. Auf wie viele Arten lassen sich alle Wünsche erfüllen?
7.a) Zeige mit Hilfe des Prinzips von Ein – und Ausschluß, daß es

$$n! - \binom{n}{1}(n-1)! + \binom{n}{2}(n-2)! - \dots \pm \binom{n}{n}0!$$

Möglichkeiten gibt, n Objekte so umzuordnen, daß keines an seinem Platz bleibt (vgl. Aufgabe 8 zum Abschnitt 1.4).
b) Welches Brett gehört zu diesem Problem der totalen Umordnung von n Objekten und wie lautet das zugehörige Turmpolynom?
8.a) Zeige, daß das Turmpolynom $T(x,B_{n,m})$ eines rechteckigen nxm – Brettes der folgenden Rekursion genügt:

$$T(x,B_{n,m}) = T(x,B_{n-1,m}) + m \cdot x \cdot T(x,B_{n-1,m-1}).$$

b) Man berechne rekursiv das Turmpolynom eines 5x5 – Brettes.
c) Man gebe $T(x,B_{n,m})$ explizit an.

Von Francois Eduard Anatole Lucas (1842 – 1891), einem bedeutenden französischen Mathematiker, stammt das "problème des ménages", das erst 1943 von Jacques Touchard (1885 – 1968) vollständig gelöst wurde.

Auf wie viele Arten können sich n Ehepaare so um einen runden Tisch setzen, daß Frauen und Männer abwechseln und keine Ehepartner nebeneinander sitzen?

Mit dem Kalkül der Turmpolynome können wir uns an die Lösung dieses Problems heranwagen. Wir beginnen mit dem Spezialfall $n = 5$ und nehmen an, die Frauen hätten sich bereits gesetzt und jeden zweiten Platz für die Männer freigelassen:

Auf wie viele Arten können sich dann die fünf Männer setzen, wenn keiner neben seiner eigenen Frau sitzen soll? (Dabei soll uns nicht interessieren, daß sich schon die Frauen auf 4! Arten setzen können).

Zu diesem Problem gehört das Brett der verbotenen Positionen:

Ehemann	1	2	3	4	5
sitzt rechter Hand von Ehefrau 1	X				X
2	X	X			
3		X	X		
4			X	X	
5				X	X

Brett B_5

Daher gibt es ebensoviele zulässige Sitzordnungen, wie es Möglichkeiten gibt, fünf nicht – schlagende Türme auf die erlaubten Felder dieses Brettes zu stellen.
(Warum?)

9. Man berechne das zum Brett der verbotenen Positionen gehörige Turmpolynom und aus seinen Koeffizienten die gesuchte Anzahl zulässiger Sitzordnungen für fünf Ehepaare.

Überträgt man die Lösungsstrategie für $n = 5$ auf den allgemeinen Fall, so erhält man: Die n Ehemänner können sich auf

$$n! - t_1(n-1)! + t_2(n-2)! - \ldots \pm t_k(n-k)! \ldots \pm t_n 0!$$

Arten setzen, wobei t_k angibt, auf wie viele Arten sich k nicht – schlagende Türme auf das Brett B_n der verbotenen Positionen setzen lassen.

Brett B_n

Die t_k sind also die Koeffizienten des Turmpolynoms $T(x,B_n)$. Zur Bestimmung von $T(x,B_n)$ konnte man im Fall $n = 5$ beim Zerschneiden des Brettes B_5 relativ unsystematisch vorgehen. Im allgemeinen Fall wird es darauf ankommen, die Bretter jeweils so zu zerschneiden, daß möglichst wieder Bretter vom gleichen Typ entstehen. Damit ist eine rekursive Strategie angelegt.

10.a) Man zeige am Beispiel des Brettes B_5: Zerschneidet man das Brett B_n

Brett B_n

nach dem rechten oberen Feld und alle entstehenden Restbretter stets nach dem linken oberen Feld, so treten nur Bretter vom Typ G (gleichschenkliges Trapez) und P (Parallelogramm) auf:

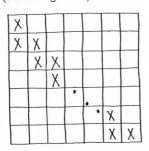

Brett G_k

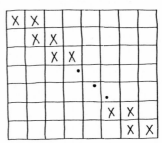

Brett P_k

b) Zeige: Die fortgesetzten Zerschneidungen führen auf die Gleichung

$$T(x,B_n) = T(x,G_n) + x \cdot T(x,G_{n-1})$$

für das Turmpolynom $T(x,B_n)$ und auf die gekoppelten *Rekursionsgleichungen*

$$T(x,G_n) = T(x,P_{n-1}) + x \cdot T(x,G_{n-1})$$

$$T(x,P_{n-1}) = T(x,G_{n-1}) + x \cdot T(x,P_{n-2})$$

für die Turmpolynome $T(x,G_n)$ und $T(x,P_n)$.

Mit den in Aufgabe 10.b gewonnenen Gleichungen läßt sich die Bestimmung des Turmpolynoms $T(x,B_n)$ rekursiv zurückführen auf die direkt abzulesenden Turmpolynome

$$T\left(x, G_2\right) = T\left(x, \quad\right) = 1 + 3x + x^2$$

$$T\left(x, P_2\right) = T\left(x, \quad\right) = 1 + 4x + 3x^2.$$

Abschließend liest man die Koeffizienten t_k des Turmpolynoms $T(x,B_n)$ ab und setzt sie in den Ausdruck (1) ein. Das allgemeine Problem, wie viele Möglichkeiten es gibt, die n Ehemänner zu plazieren, ist damit gelöst.

11.* ("problème des ménages" – explizit)
a) In Aufgabe 10 wurde das Turmpolynom $T(x,G_n)$ rekursiv beschrieben. Zeige: Es ist

$$T(x,G_n) = 1 + \binom{2n-1}{1}x + \binom{2n-2}{2}x^2 + \ldots + \binom{2n-k}{k}x^k + \ldots + \binom{2n-n}{n}x^n.$$

b) Man benutze die Gleichung

$$T(x,B_n) = T(x,G_n) + x \cdot T(x,G_{n-1})$$

aus Aufgabe 10.b für das Turmpolynom $T(x,B_n)$, um mit Hilfe von Teil a) die explizite Darstellung

$$T(x,B_n) = 1 + \frac{2n}{2n-1}\binom{2n-1}{1}x + \frac{2n}{2n-2}\binom{2n-2}{2}x^2 + \ldots + \frac{2n}{2n-k}\binom{2n-k}{k}x^k + \ldots$$

$$+ \frac{2n}{2n-n}\binom{2n-n}{n}x^n$$

herzuleiten.
12.* Die $(2n+1)$-te Fibonnaci–Zahl ist gerade gleich der Gesamtzahl der Möglichkeiten, nicht–schlagende Türme auf das Brett G_n (vgl. Aufgabe 10) zu setzen.

Hinweise zu den Aufgaben

Zu 3.a: Um das hier sehr mühsame Zerschneiden des Turmpolynoms zu vermeiden, bestimme man
die Koeffizienten des Turmpolynoms direkt.

Zu 7.a: Verwenden Sie die Lösung von Aufgabe 8.a zum Prinzip vom Ein – und Ausschluß
(Abschnitt 1.4).

3. Optimieren in Netzen

Haben wir bisher *ab –* und *aufgezählt*, so wenden wir uns jetzt einer weiteren Aufgabe der Kombinatorik, dem *Optimieren*, zu. Wir werden Verfahren entwickeln, um kürzeste Wege in Straßennetzen zu finden (Abschnitt 3.1), Telefonleitungen günstig zu verlegen (3.2) und Transportkapazitäten optimal auszulasten (3.3).

3.1 Zeit sparen

Ein Manager der Computerbranche wird in eine andere Stadt versetzt. Ihm wird eine Firmenwohnung am Stadtrand zugewiesen. Zugleich erhält er einen Plan mit den wichtigsten Straßenverbindungen, in den Erfahrungswerte für die mittleren Fahrzeiten (in Minuten) von Kreuzung zu Kreuzung eingetragen sind:

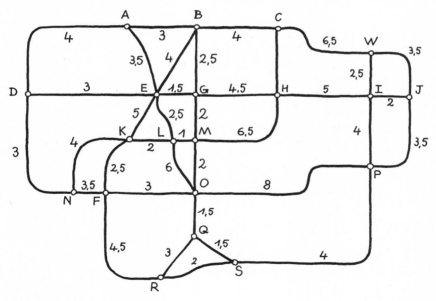

Seine künftige Wohnung liegt am Punkt W, seine neue Firma am Punkt F.

Auf welchem Weg kommt er am schnellsten von W nach F?

Am Abend nimmt unser Manager den Plan zur Hand, um sich eben mal rasch die
für ihn günstigste Fahrtroute für den nächsten Morgen zu überlegen. Auf den
ersten Blick erscheint ihm der Weg über I,H,G,E und K nach F mit 21 Minuten
optimal. Dann entdeckt er, daß er von E nach K schneller über L fahren kann.
Schlimmer noch, außen herum, von W über I,P,S und R, spart er gegenüber dem
bereits verbesserten Weg weitere 3,5 Minuten.

Damit ist ihm klar, daß sich das Problem nicht durch scharfes Hinsehen lösen läßt.
Auch weiß er aus Erfahrung, daß es wenig effektiv ist, alle möglichen Wege von W
nach F mit ihren Fahrzeiten aufzulisten.

Gewohnt, die Dinge systematisch anzugehen, überlegt er: Gesetzt, ich hätte einen
kürzesten Weg von W nach F gefunden. Wenn dieser als vorletzte Station beispielsweise den Punkt K hat, muß auch der Teilweg von W nach K ein kürzester
Weg sein. Denn gäbe es von W nach K einen kürzeren, so wäre dieser nur noch
um die Kante KF zu verlängern, und ich hätte einen kürzeren Weg von W nach F
– im Gegensatz zu meiner Voraussetzung!

Dieselbe Überlegung, so schließt er weiter, läßt sich auch auf einen kürzesten Weg,
der von W nur bis K führt, anwenden. Auf diese Weise kommt man immer näher
zum Startpunkt W zurück. Um also einen kürzesten Weg von W nach F zu finden,
liegt es nahe, von W ausgehend schrittweise kürzeste Wege immer größerer Reichweite zu konstruieren:

aufblasen

Zunächst vergleichen wir die Längen der von W ausgehenden Kanten und finden so
mit I den Punkt, der W am nächsten liegt.

Anschließend sind unter den Punkten, die außerhalb der gestrichelten Linie liegen,
diejenigen Punkte gesucht, die W am nächsten liegen. Dies können nur Punkte
sein, die mit W oder I direkt verbunden sind.

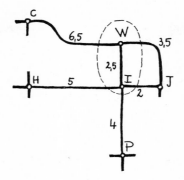

weiter aufblasen

Jeder Weg von W zu einem der zur Konkurrenz stehenden Punkte C,H,P oder J
muß die gestrichelte Linie irgendwo schneiden. Die kürzesten unter ihnen verlaufen
zunächst ganz innerhalb der gestrichelten Linie (*erste Etappe*) und enden mit einer
der fünf *Schnittkanten* WC,IH,IP,IJ oder WJ, wobei die erste Etappe ein kürzester
Weg sein muß (warum?).

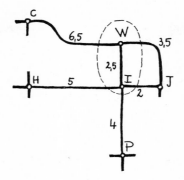

Daher genügt es, sämtliche Schnittkanten durch kürzeste erste Etappen zu vervollständigen und die so erhaltenen Wege der Länge nach zu vergleichen:

Schnittkante	erste Etappe	Länge des Vergleichsweges			
WC	--	0	+	6,5	= 6,5
IH	WI	2,5	+	5	= 7,5
IP	WI	2,5	+	4	= 6,5
IJ	WI	2,5	+	2	= 4,5
WJ	--	0	+	3,5	= 3,5

J liegt W am nächsten; er ist 3,5 Fahrminuten von W entfernt.

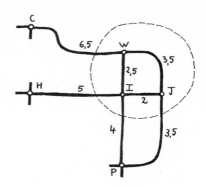

In dieser Weise blasen wir die Wolke weiter auf:

Schnittkante	erste Etappe	Länge des Vergleichsweges
WC	--	0 + 6,5 = 6,5
IH	WI	2,5 + 5 = 7,5
IP	WI	2,5 + 4 = 6,5
JP	WJ	3,5 + 3,5 = 7

Diesmal gibt es zwei Punkte, die gleich schnell, nämlich in 6,5 Minuten, von W erreichbar sind.

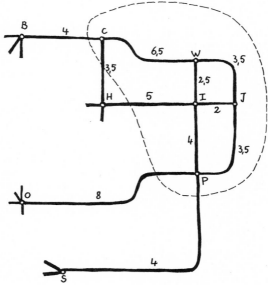

Hier hält der Manager inne; ihm fällt auf: Stets sind sämtliche Schnittkanten durch kürzeste erste Etappen zu vervollständigen und die so entstandenen Wege der Länge nach zu vergleichen. Es wäre daher gut, wenn ich mir die bereits gefundenen kürzesten Wege als erste Etappen merken würde. Es reicht, wenn ich mir hinter jedem neu hinzukommenden Punkt sowohl seine Entfernung von W notiere als auch den Endpunkt der zugehörigen ersten Etappe.

Er notiert in seinem Plan:

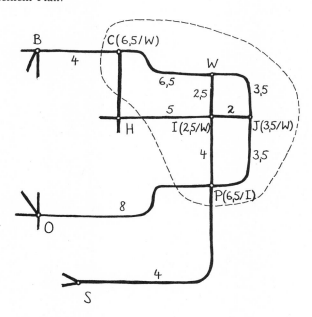

Könnten Sie in den Plan die nächsten beiden Wolken einzeichnen und die erforderlichen Marken setzen?

Da das Straßennetz nur endlich viele Punkte enthält, wird der Zielpunkt nach endlich vielen Schritten erreicht: ein kürzester Weg ist dann tatsächlich gefunden. In unserem Beispiel ist es der Weg WIPSQOF mit der Fahrzeit 16,5 Minuten. Er wird von F ausgehend rekonstruiert, indem man die zuvor gesetzten Marken zurückverfolgt.

Nach getaner Arbeit möchte unser Manager wissen, wie effektiv das von ihm gefundene Verfahren ist. Mit welchem Zeitaufwand ist zu rechnen, etwa im Vergleich zum vollständigen Auflisten aller möglichen Wege?

Wäre im Straßenplan jeder der 20 Punkte mit jedem verbunden, so sind mindestens die Wege aufzulisten, die durch alle Punkte des Netzes führen. Es gibt aber 18! solcher Wege (warum?). Bei meinem Verfahren muß ich dagegen die Wolke maximal 19 mal vergrößern, und jedesmal sind höchstens alle Kanten des Netzes zu inspizieren. Da es höchstens $\binom{20}{2}$ Kanten gibt, hat man insgesamt nicht mehr als

$$19 \cdot \binom{20}{2} = \frac{19 \cdot 20 \cdot 19}{2} = 3610$$

Vergleiche vorzunehmen, also weit weniger als $18! \approx 6 \cdot 10^{15}$. Was man doch durch ein wenig Nachdenken an Zeit sparen kann!

Aufgaben

1. Man setze das Verfahren des Managers solange fort, bis der Punkt F erreicht ist, und lese einen kürzesten Weg von W nach F ab.
2. Im Straßennetz des Managers gibt es Punkte, die mit anderen durch mehrere kürzeste Wege verbunden sind.
a) Welche zum Beispiel?
b) Wie zeigt sich dies in der Liste der Vergleichswege?
c) Wie äußert sich dieses beim Marken – Setzen?
3.

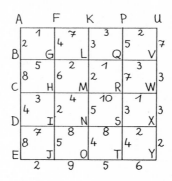

a) Bestimme einen kürzesten Weg von A nach Y. Wie lang ist er?
b) Wie weit ist es von A nach Y, wenn der Weg über M führen soll?
c) Wie weit ist es von A nach Y, wenn der Weg über G und S führen soll?
d) Nach welchem Verfahren lassen sich kürzeste Wege über gegebene Zwischenpunkte finden?

Zeit schinden auf längsten Wegen

Nach dem Verfahren des Managers – dem 'Kürzeste – Wege – Algorithmus' (Dijkstra, 1959) – lassen sich nicht nur Fahrzeiten, sondern zum Beispiel auch Weg–

längen oder auch Baukosten minimieren. Für die Organisation von Fertigungs-
prozessen ist ein anderes Poblem, die Identifizierung sogenannter kritischer Wege,
von Bedeutung, ein Problem, das jedoch dem Problem der kürzesten Wege nahe
verwandt ist. Illustrativ ist das Beispiel vom Hausbau.

Zum Bau eines Hauses gehört (1) der Kauf eines Grundstückes, (2) die Erlangung
einer Baugenehmigung, (3) die Erschließung des Grundstückes, (4) das Ausschach-
ten, (5) das Gießen der Fundamente usw. Manche der Arbeiten können erst dann
begonnen werden, wenn andere abgeschlossen sind; andere können parallel zueinander erledigt werden. Ist kalkulierbar, wieviel Zeit die einzelnen Arbeiten beanspruchen, so läßt sich bestimmen, wie und in welcher Zeit das Projekt im günstig-
sten Fall abgewickelt werden kann.

Nehmen wir beispielsweise an, zum Bau eines Hauses wären die sieben Arbeiten A
bis G erforderlich. Für Arbeit C zum Beispiel gelte, daß sie erst sieben Wochen
nach Beginn der Arbeit A und zwei Wochen nach dem Beginn der Arbeit B aufgenommen werden kann. Ein Ablaufdiagramm faßt alle diese Bedingungen über-
sichtlich zusammen:

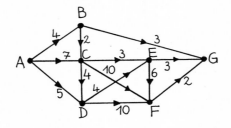

Nach welcher Zeit ist das Gesamtprojekt frühestens abgeschlossen, wenn alle Arbeiten zum frühestmöglichen Zeitpunkt begonnen werden?

Da eine Arbeit erst begonnen werden kann, wenn jene Vorbereitungsarbeiten abgeschlossen sind, welche die längste Zeit beanspruchen, ist die gesuchte Zeit durch
einen längsten Weg von A nach G gegeben. Ein solcher längster Weg heißt *kritischer Weg*, da jede zeitliche Verzögerung längs einer seiner Kanten die Fertigstel-
lung des Hauses verzögert, was bei anderen Arbeiten nicht unbedingt der Fall ist.

Bei der Suche eines längsten Weges beachte man:
(1) Die Kanten dürfen nur in Pfeilrichtung benutzt werden (man nennt sie ge-
    richtet).

(2) Ein Weg kann nicht mehrmals über ein und denselben Punkt führen, da der Beginn einer Arbeit nicht voraussetzen kann, daß sie zuvor abgeschlossen wurde (d.h. es gibt keine Kreise).

In der Praxis wird man selten genaue und verläßliche Zeitbedarfsangaben haben. Man hat jedoch eine Methode entwickelt, wie man auch dann zu Zeit – und Kostenschätzungen berechenbarer Verläßlichkeit kommen kann. Diese Methode ist unter dem Namen PERT (Program Evaluation Research Task) bekannt geworden.

4. Man zeige, daß es nicht genügt, den Algorithmus von Dijkstra so zu modifizieren, daß unter den Vergleichswegen jeweils einer maximaler Länge gewählt und entsprechend markiert wird. (Einen passenden Algorithmus zu finden, erfordert neue Anstrengungen.)

Verwaltungen haben ihre eigenen Gesetze, und so wird man der nächsten Aufgabe einen Realitätsbezug nicht abstreiten können. Ob allerdings das Wissen um kürzeste Wege allein Verwaltungsakte beschleunigen kann? Man muß das wohl bezweifeln.

5. Die Verwaltung einer Kleinstadt besteht aus einem Leiter (L), zwei Sachbearbeitern (S1,S2), drei Verwaltungsangestellten (V1,V2,V3) und zwei Schreibkräften (K1,K2). Ein Stadtrat möchte wissen, wie lange es mindestens dauert, bis eine Entscheidung, die der Dienststellenleiter einer Schreibkraft zum Tippen gibt, ihm wieder zur Unterschrift vorgelegt wird, nachdem es zuvor zunächst von einem Verwaltungsangestellten geprüft und dann von einem Sachbearbeiter gegengezeichnet wurde. Ihm liegen folgende Erfahrungswerte vor:

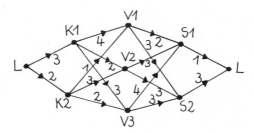

Von der Schreibkraft K1 z.B. wird die Entscheidung an einen der Sachbearbeiter V1, V2 oder V3 weitergeleitet, je nachdem nimmt dies 4, 2 oder 3 Tage in Anspruch.

Es geht auch anders

Wer lieber bastelt als rechnet, kann kürzeste Wege auch so bestimmen: Für jede Kante nimmt man einen (möglichst dünnen) Faden entsprechender Länge, verknotet

das Ganze (erstes Bild) und zieht Start – und Zielknoten soweit wie möglich aus–
einander (zweites Bild):

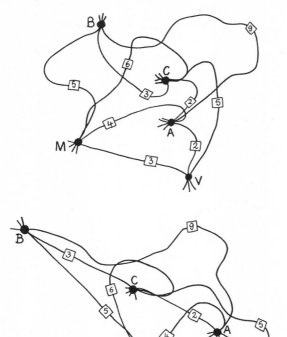

6.

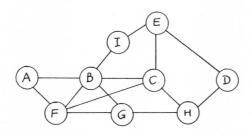

Alle Kanten haben die Länge 1.

a) Man bestimme einen kürzesten Weg von A nach D.
b) Wie viele solcher kürzesten Wege gibt es?

c) Nach welchem Verfahren lassen sich alle kürzesten Wege von einem Punkt zu einem anderen finden?

d) Wie läßt sich der Algorithmus von Dijkstra vereinfachen, wenn alle Kanten des Netzes gleichlang sind?

7. Wie ist der Algorithmus von Dijkstra abzuändern, wenn

a) von irgendeinem Punkt des Netzes zu jedem anderen *ein* kürzester Weg bestimmt werden soll?

b) von irgendeinem Punkt des Netzes zu jedem anderen *alle* kürzesten Wege bestimmt werden sollen?

Wenn nur die Längen interessieren

Wir haben den Algorithmus von Dijkstra benutzt, um kürzeste Wege von einem Punkt des Netzes zu allen anderen zu finden (Aufgabe 7.a). Will man kürzeste Wege von jedem Punkt des Netzes zu allen anderen finden, so muß man das Verfahren nur mehrmals anwenden. Interessieren jedoch nur die Längen der Wege, kann man rascher zum Ziel kommen.

Wir repräsentieren das Wegenetz durch eine Tabelle:

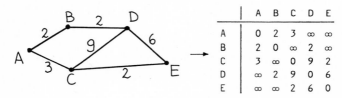

Die Eintragungen in der Tabelle stehen für die Weglängen zwischen den entsprechenden Punkten. Da z.B. C mit D (und damit auch D mit C) durch eine Kante der Länge 9 verbunden ist, steht an den entsprechenden beiden Stellen der Tabelle jeweils eine 9. Jeder Punkt hat von sich selbst die Entfernung 0, so daß in der Diagonalen lauter Nullen stehen. Sind schließlich zwei Punkte, wie z.B. B und C, nicht durch eine Kante verbunden, so findet sich an der entsprechenden Stelle das Symbol "∞" für unendlich.

Läßt man noch jeweils die erste Zeile und Spalte der Tabelle fort – beide sind offenbar entbehrlich –, so entsteht ein reines Zahlenschema, die sogenannte *Wegematrix*

$$W \; = \; \begin{pmatrix} 0 & 2 & 3 & \infty & \infty \\ 2 & 0 & \infty & 2 & \infty \\ 3 & \infty & 0 & 9 & 2 \\ \infty & 2 & 9 & 0 & 6 \\ \infty & \infty & 2 & 6 & 0 \end{pmatrix} \; .$$

Sie eignet sich zum "Rechnen". Beispielsweise lassen sich Wegematrizen "multiplizieren". Dies geschieht nach folgendem Schema:

$$
\begin{pmatrix} . & 2 & . & . & . \\ . & 0 & . & . & . \\ . & \infty & . & . & . \\ . & 2 & . & . & . \\ . & \infty & . & . & . \end{pmatrix} \circ \begin{pmatrix} . & . & . & . & . \\ . & . & . & . & . \\ 3 & \infty & 0 & 9 & 2 \\ . & . & . & . & . \\ . & . & . & . & . \end{pmatrix} \rightarrow \min\{2+3, 0+\infty, \infty+0, 2+9, \infty+2\} = 5 \rightarrow \begin{pmatrix} . & . & . & . & . \\ . & . & . & . & . \\ . & 5 & . & . & . \\ . & . & . & . & . \\ . & . & . & . & . \end{pmatrix}
$$

Insgesamt:

$$
W \circ W = \begin{pmatrix} 0 & 2 & 3 & \infty & \infty \\ 2 & 0 & \infty & 2 & \infty \\ 3 & \infty & 0 & 9 & 2 \\ \infty & 2 & 9 & 0 & 6 \\ \infty & \infty & 2 & 6 & 0 \end{pmatrix} \circ \begin{pmatrix} 0 & 2 & 3 & \infty & \infty \\ 2 & 0 & \infty & 2 & \infty \\ 3 & \infty & 0 & 9 & 2 \\ \infty & 2 & 9 & 0 & 6 \\ \infty & \infty & 2 & 6 & 0 \end{pmatrix} = \begin{pmatrix} 0 & 2 & 3 & 4 & 5 \\ 2 & 0 & 5 & 2 & 8 \\ 3 & 5 & 0 & 8 & 2 \\ 4 & 2 & 8 & 0 & 6 \\ 5 & 8 & 2 & 6 & 0 \end{pmatrix}
$$

8.*a) Welche Längen geben die Elemente von $W \circ W = W^2$ an?
b) Was ergibt sich für $W^3 = W^2 \circ W$, $W^4 = W^3 \circ W$, usw.? Ab welchem Exponenten k ist spätestens die Potenz W^k stabil, d.h. $W^k = W^{k+1}$?
c) Wie lassen sich die Längen kürzester Wege von jedem Punkt eines Netzes zu allen anderen bestimmen?

3.2 Netze aufspannen

Die Filialen einer Großbank sollen mit möglichst geringem Kostenaufwand miteinander mit Telefonleitungen verbunden werden. Für ein Beispiel greifen wir auf das Straßennetz des letzten Abschnitts zurück (siehe die erste Figur von 3.1). Die Punkte stehen jetzt für die Standorte der Filialen, die Zahlen an den Kanten für die geschätzten (relativen) Baukosten.

Gesucht ist also ein Telefonnetz, das alle Filialen einschließt und dessen Errichtung möglichst billig ist. Kurz, gesucht ist ein kostenminimales Leitungsnetz (Gerüst).

Zunächst ist klar, daß in einem minimalen Leitungsnetz je zwei Punkte durch genau einen Leitungsweg verbunden sind, daß also z.B. nicht von G nach C sowohl über B als auch über H telefoniert werden kann ("Kreisfreiheit").

Wieder ist es lehrreich, probeweise zu unterstellen, man hätte ein minimales Leitungsnetz gefunden. Nimmt man aus ihm *eine* Kante k heraus, so entsteht ein

Leitungsnetz, in dem nicht mehr alle Punkte miteinander verbunden sind. Immerhin ist dieses Teilnetz noch minimal; denn andernfalls könnte man für die verbunde— nen Punkte ein billigeres Leitungsnetz finden, in dieses die Kante k einfügen und damit ein billigeres Netz insgesamt konstruieren, im Widerspruch zur Annahme. Also sind *Teilnetze von minimalen Leitungsnetzen selbst minimal.* Daher liegt der Versuch nahe, ausgehend von Leitungsnetzen, deren Minimalität offensichtlich ist, schrittweise immer umfassendere minimale Netze zu konstruieren.

Wir beginnen bei irgendeinem Punkt des Netzes vom Beginn des letzten Abschnitts, beispielsweise K,

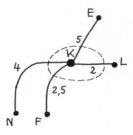

und suchen eine möglichst billige von K ausgehende Kante.

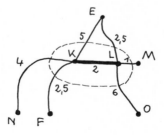

Nach dem 2. Schritt.   Gesamtkosten = 2

Wieder wählen wir unter allen Schnittkanten eine möglichst billige:

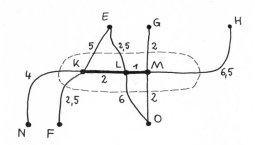

Nach dem 3. Schritt.   Gesamtkosten = 2 + 1 = 3

So fahren wir fort ...

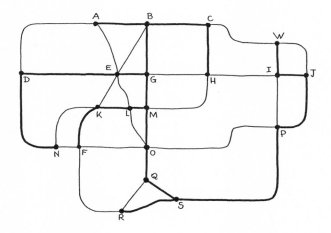

Nach dem 19. und letzten Schritt.   Gesamtkosten = 47

Der Algorithmus bricht mit der Hinzunahme des letzten Punktes, hier des zwanzig-
sten, ab. Da mit dem Bau jeder neuen Telefonleitung auch eine neue Filiale ans
Netz angeschlossen wurde, können keine Kreise gebaut worden sein. Dies allein
garantiert jedoch noch nicht die Minimalität unseres Gerüstes.

Nun gilt: Ist G irgendein von unserem verschiedenes Gerüst, so läßt sich in G eine
Kante stets so austauschen, daß G ein Gerüst bleibt, sich nicht verteuert und eine
Kante mehr mit unserem Gerüst gemeinsam hat. In der Tat, denken wir uns unser
Gerüst erneut erzeugt, so kommt irgendwann, etwa im fünften Schritt, eine Kante
hinzu, die nicht zu G gehört:

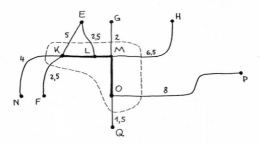

Situation vor dem fünften Schritt.

Nach unserem Verfahren ist als nächste die Kante OQ zu wählen, denn sie ist von allen Schnittkanten die billigste. G enthält nach Voraussetzung OQ nicht. Da Q auch in G von O aus erreichbar ist, muß es in G eine Telefonverbindung zwischen O und Q geben, die OQ nicht benutzt. Diese muß notwendig über eine der übrigen Schnittkanten, beispielsweise MG, führen. MG kann nicht billiger als OQ sein (andernfalls wäre sie und OQ im fünften Schritt zu wählen gewesen). Daher verteuert sich G nicht, wenn wir in G die Kante MG durch OQ ersetzen. Auch bleiben alle Punkte von G ans Netz angeschlossen.

Jetzt nehmen wir an, unser Gerüst wäre nicht minimal, es gäbe also billigere Gerüste. Unter diesen wählen wir eines aus, sagen wir G', das maximal viele Kanten mit unserem Gerüst gemeinsam hat. In G' tauschen wir, was ja nach unserer Bemerkung möglich ist, eine Kante so aus, daß G' Gerüst bleibt, sich nicht verteuert und eine Kante mehr mit unserem Gerüst gemeinsam hat. Dies widerspricht aber der Wahl von G'! Es kann also kein billigeres Gerüst geben als das, welches wir mit unserem Verfahren gefunden haben.

Aufgaben

1. Suche (kosten)minimale Gerüste zu den Netzen der Aufgaben 3 und 6 aus 3.1.
2.a) Man gebe ein möglichst einfaches Netz an, das mehr als ein minimales Gerüst hat.
b) Wie ließe sich das Verfahren abändern, damit *alle* minimalen Gerüste erzeugt werden?
3. Man zeige: Ein Gerüst eines Netzes mit n Punkten hat stets genau $(n-1)$ Kanten.
4. Wie viele minimale Gerüste hat das durch die Wegematrix

$$\begin{pmatrix} 0 & 3 & 2 & 4 & 7 \\ 3 & 0 & 5 & 3 & 4 \\ 2 & 5 & 0 & 2 & 6 \\ 4 & 3 & 2 & 0 & 4 \\ 7 & 4 & 6 & 4 & 0 \end{pmatrix}$$

beschriebene Netz?

5. *Der Geizhals – Algorithmus*

1. Schritt: Beginne den Bau mit einer Verbindung, deren Errichtungskosten minimal sind.

2. Schritt: Suche unter den noch nicht installierten Verbindungen eine, deren Errichtung erstens nicht überflüssig ist und zweitens die vergleichs- weise geringsten Kosten verursacht; baue diese. Wiederhole diesen Schritt so oft wie möglich.

a) Wann genau ist die Errichtung einer Verbindung überflüssig?
b)* Überlege, warum der Geizhals – Algorithmus, auf irgendein Netz angesetzt, stets ein minimales Gerüst erzeugt und dann stoppt.
c) Nenne Vor – und Nachteile des Geizhals – Algorithmus gegenüber der Methode des "Aufblasens".
6. *Die Strategie des Gesundschrumpfens.* Der Unterhalt des Streckennetzes der Bundesbahn ist zu teuer; es soll gesundgeschrumpft werden. Doch soll kein Ort seinen Bahnanschluß verlieren. Alle entbehrlichen Strecken werden nacheinander stillgelegt, die kostspieligsten zuerst.
a) Wann genau ist eine Strecke entbehrlich?
b)* Warum führt die Strategie des Gesundschrumpfens zu einem kostenminimalen Gerüst?

Eine Anwendung

Homogenitätsprüfungen (Prüfungen auf Gleichverteilungen) sind in vielen Bereichen wichtig: im Meßwesen, wenn die räumliche Verteilung der Bestandteile einer Le- gierung untersucht wird; in der Geologie, wenn die Gesteinsproben einer Serie von Testbohrungen zu analysieren sind; oder in der Epideminologie, wenn gefragt wird, ob die Grippeerkrankungen während einer Epidemie zufällig auftraten oder regional gehäuft.

Es gibt verschiedene Versuche, Homogenität mathematisch zu fassen. Von einem, der sich "minimaler Gerüste" bedient, soll hier berichtet werden. Wir beschränken uns auf eine sehr knappe Skizze des Vorgehens.

Zu beurteilen sei die Verteilung einer festen Anzahl von Fremdpartikeln auf der Oberfläche eines Körpers, etwa eines Standardkörpers zur Eichung von Röntgen- strahl – Spektrometern. Man nehme den Probekörper, lege über seine Fläche ein

Quadratgitternetz (für einen Probekörper von der Größe eines 5 – Pfennig – Stückes ist z.B. ein Netz aus 34x34 = 1 156 Quadraten gebräuchlich) und zähle die Fremdpartikel in jedem Teilquadrat aus.

Wir stellen zwei mögliche Ergebnisse gegenüber und beschränken uns für unsere weiteren Überlegungen auf den Fall, daß beidemal dieselben Zahlenwerte nur in verschiedener Verteilung auftreten. Der besseren Übersichtlichkeit wegen betrachten wir ein Netz mit 4x4 Quadraten:

43	54	47	55
57	51	58	44
45	52	56	53
41	50	48	60

41	43	48	57
47	50	53	55
52	44	58	54
45	51	56	60

Während im linken Zahlengitter auf den ersten Blick keine Ordnung erkennbar ist, scheinen im rechten die Werte von links oben nach rechts unten zuzunehmen. Man wird daher die linke Verteilung als homogener ansehen. Hat man verschiedene Verteilungen derselben Zahlenwerte, so gilt allgemein, daß eine Verteilung um so homogener ist, je weniger sich Zahlenwerte räumlich zusammenballen, die sich um wenig voneinander unterscheiden, d.h. je weniger Regionen es gibt, in denen z.B. vorwiegend hohe Zahlenwerte auftreten.

Diese Beobachtung nehmen wir nun als Grundlage für einen Definitionsversuch. Da es nur auf die Verteilung der Differenzen benachbarter Felder ankommt, gehen wir vom Quadratgitter über zum Netz der Differenzen:

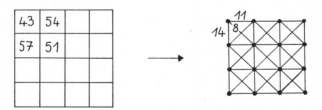

Der Punkt links oben steht für das linke obere Feld; es hat
drei Nachbarfelder, daher gehen von ihm drei Kanten aus.

7. Man bestimme für beide Zahlenbelegungen das Netz der Differenzen. (Um negative Zahlen zu vermeiden, nimmt man stets den Betrag der Differenz.)

Zahlbelegungen mit relativ vielen Klumpen ähnlich großer Zahlenwerte führen, und das ist wesentlich, zu Differenznetzen mit relativ vielen Kanten kleiner Länge. Stellt man jetzt vom Differenznetz ein minimales Gerüst her, so ist bei großer

Anzahl von Klumpen seine Gesamtlänge klein. Da eine große Anzahl von Klumpen eine geringe Homogenität anzeigt, kann die Länge des minimalen Gerüstes für Homogenitätsuntersuchungen herangezogen werden: große Längen sind ein Indiz für große Homogenität, kleine für geringe.

8. Man suche zu beiden Differenznetzen ein minimales Gerüst und berechne seine Länge.

Was haben wir geleistet? Wir können verschiedene Verteilungen gleicher Zahlenwerte hinsichtlich ihrer Homogenität vergleichen. Unser Verfahren versagt jedoch, wenn die Zahlenwerte in beiden Verteilungen nicht übereinstimmen oder wenn man zusätzlich wissen will, *wie* homogen eine Verteilung ist, d.h. wenn man ein absolutes Homogenitätsmaß braucht. Hier gibt es jedoch Möglichkeiten der Fortentwicklung des Verfahrens.

9. * Die Orte des Netzes

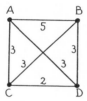

sollen diesmal aus Sicherheitsgründen jeweils auf genau zwei verschiedenen Wegen ans Telefonnetz angeschlossen werden. Wieder ist eine möglichst billige Lösung gesucht.

Es läßt sich zeigen, daß es hierzu notwendig und zugleich ausreichend ist, alle Orte in ein kreisförmiges Netz einzubeziehen, dessen Errichtung minimale Kosten verursacht.

Wie findet man einen solchen Kreis?

Für einen Geizhals wäre die Sache klar: Er würde den Bau mit einer möglichst billigen Leitung beginnen und weiter nach der Devise handeln: Baue stets die billigere Leitung zuerst und achte darauf, daß keine überflüssige Leitung gebaut wird und daß ein Ort nie mehr als an zwei Leitungen angeschlossen wird. Zum Schluß schließe den Kreis.

Ein Verfahren des Gesundschrumpfens würde dagegen ein ganz anderes Vorgehen empfehlen: Man verzichte solange auf eine der teuersten unter den noch geplanten Leitungen, bis jeder Ort nur noch genau zwei Netzanschlüsse hat.

a) Man wende beide Strategien auf das obige Netz an. Was stellt man fest?
b) Man ändere das obige Netz so ab, daß nur die Strategie des Geizhalses eine billigste Lösung liefert.

Man sieht, daß schon eine leichte Variation der Aufgabenstellung die Entwicklung neuer Strategien erzwingen kann. Viele Mathematiker zweifeln allerdings inzwischen daran, daß es zu dieser Fragestellung überhaupt einen effektiven Algorithmus gibt. Sie ist in der Fachliteratur als 'Problem des Handlungsreisenden' bekannt.

3.3 Bananen verschiffen

Ein Südfrüchtekonzern hat Bananen vom Erzeuger, den mittelamerikanischen Plantagen, zum Verbraucher, den europäischen Märkten, zu transportieren. Er möchte die freien Transportkapazitäten seiner Schiffahrtslinien optimal ausnutzen.

Beschäftigen wir uns zunächst mit einem einfachen Beispiel eines solchen *Transportproblems*. Beteiligt sind die Häfen B,C,D an der amerikanischen, E,F und G an der europäischen Küste:

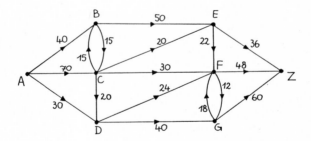

A steht für den Erzeuger, Z für den Verbraucher.

Die Zahlen an den *gerichteten Kanten* geben die freie Transportkapazität (etwa angegeben in 10 000 Bananenkisten) zwischen ihrem Anfangs – und Endpunkt an. Man sieht, daß es z.B. zwischen den Häfen C und G keine freien Kapazitäten gibt. Ohne uns für die Transportkosten zu interessieren, fragen wir:

Wie können möglichst viele Bananenkisten von A nach Z transportiert werden?

Gesucht ist also ein maximaler (Bananen –) "Fluß" von A nach Z.

Ein erster Lösungsversuch

Wir probieren: Auf dem Weg ABEZ lassen sich maximal 36 Einheiten transportieren, weil dann die Kante EZ bereits *gesättigt* ist. (Entlang einer Kante kann eben
nicht mehr transportiert werden, als ihre Kapazität angibt.) Auf dem Weg ACFZ
lassen sich maximal 30 weitere Einheiten nach Z schaffen, auf dem Weg ADGZ
ebenfalls. Wir notieren uns die bisher erreichte Auslastung der Kanten hinter ihren
Kapazitäten:

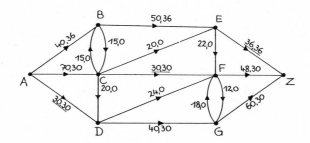

Man beachte, daß die Kantenbelegungen zulässig sind.
(Kapazitätsbeschränkungen und Erhaltungsbedingung sind erfüllt.)

Wir unterstellen, daß in den Umschlaghäfen ebensoviele Bananen eintreffen, wie
weitertransportiert werden (Erhaltungsbedingung). Da alles, was in A auf den Weg
gebracht wird, in Z ankommt, kann der Wert eines maximalen Flusses die Summe
der Kapazitäten der aus A hinaus – bzw. in Z hineinführenden Kanten nicht
überschreiten (Faustregel). In unserem Beispiel:

$$40 + 70 + 30 = 140 \quad \text{bzw.} \quad 36 + 48 + 60 = 144.$$

Wir vergrößern den Fluß weiter. Lastet man alle Wege von A nach Z mit ungesät-
tigten Kanten aus, so kommt man etwa zum Fluß:

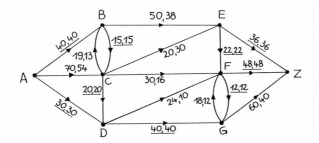

Mehr als 124 Einheiten scheint man also nicht von A nach Z schaffen zu können.

Der so gefundene Fluß ist jedoch *nicht* maximal! Überzeugen Sie sich:

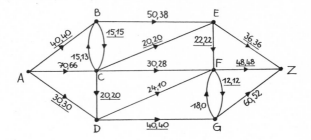

Läßt sich der vermeintlich maximale Fluß von A nach Z etwa auf andere Weise vergrößern?

Ein systematischer Suchprozeß

Versetzen wir uns für einen Augenblick in die Rolle eines Agenten, der den Verschiffungsauftrag erhält. (Natürlich denkt er gleich an eine Strategie, nach der auch ein Computer verfahren könnte.)

Nachdem er den Transportplan der vorletzten Figur entworfen hat, überlegt er: Weitere Einheiten können von A nach Z nur über C verschifft werden; er notiert hinter dem Buchstaben C in seinem Plan "(A→,16)" als Abkürzung für: von A maximal 16 Einheiten:

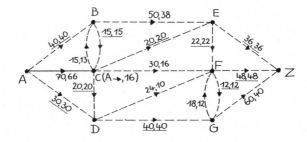

Von C kann sowohl nach B als auch nach F weiterverschifft werden; auch das hält er im Plan fest:

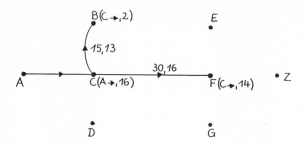

Wie jetzt weiter? Wie ist die Situation in F? Die Kante FZ ist gesättigt. Doch halt!
Wenn von G weniger (oder nichts) nach F käme, würden von F nach Z Transportkapazitäten frei... Vielleicht lassen sich die von G kommenden Bananen auf anderen Wegen weiterverschiffen? Dem muß man nachgehen. – Er notiert ”(F←,12)”
hinter G, was soviel heißt wie: von F maximal 12 Einheiten zurück:

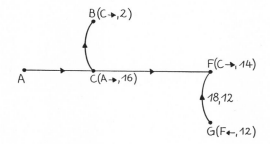

Nun zu G. Ja, von G nach Z sind tatsächlich noch Kapazitäten frei.

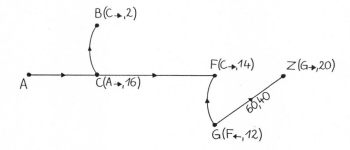

Ein *flußvergrößernder Weg* (neuen Typs!) von A nach Z ist gefunden! Man braucht
nur die Marken von Z aus zurückzuverfolgen. Um 12 Einheiten (der *Engpaß* ist
zwischen F und G) läßt sich längs des Weges

A ——→ C ——→ F ——← G ——→ Z

der Fluß von A nach Z vergrößern. Man hat längs der drei Vorwärtskanten 12 Einheiten mehr und längs der einzigen Rückwärtskante GF 12 Einheiten weniger zu transportieren.

Ein erneuter Such – oder auch *Markierungsprozeß* bricht in unserem Beispiel vor Erreichen von Z ab:

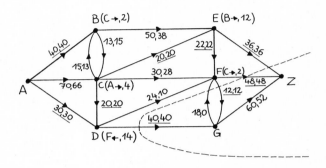

Weitere Marken lassen sich nicht setzen: Der Transport über die gestrichelte Linie kann weder erhöht (Vorwärtskante) noch verringert (Rückwärtskante) werden.

Die gestrichelte Linie trennt die markierten von den nicht markierten Punkten und somit A von Z. Über diesen *Schnitt* hinweg können nicht mehr Bananen auf Z zu transportiert werden, als die Gesamtkapazität der diese Linie überquerenden Vorwärtskanten zuläßt. Da diese Gesamtkapazität hier gerade 136 Einheiten beträgt, und damit gleich dem Wert des erreichten Flusses ist, kann dieser Fluß nicht weiter vergrößert werden, er ist also maximal.

Jetzt sind wir soweit, einen Algorithmus zur Suche eines maximalen Flusses formulieren zu können.

Ein Algorithmus

Es sei irgendein beliebiges Transportnetz mit einem *Anfangspunkt* A (keine Kante führt hinein) und einem *Zielpunkt* (keine Kante führt hinaus) vorgelegt. Die Kapazitäten seiner Kanten seien beschränkt und sämtlich bekannt.

Algorithmus zur Suche eines maximalen Flusses

1. Schritt: Belege alle Kanten mit Null (*Nullfluß*).

2. Schritt (Suche eines markierbaren Punktes): Suche einen noch nicht markierten Punkt Q, der sich von A oder von einem bereits markierten Punkt P *vorwärts* oder *rückwärts* markieren läßt; dies ist der Fall, wenn
(a) Q von P direkt erreichbar (P —→— Q) und die Kante von P nach Q nicht gesättigt ist ('Q von P vorwärts markierbar') oder
(b) P von Q direkt erreichbar (P —←— Q) und der Fluß von Q nach P größer als Null ist ('Q von P rückwärts markierbar').

3. Schritt (Abbruchbedingung): Gibt es keinen solchen Punkt Q, dann ist der gegenwärtige Fluß maximal; S T O P. Sonst

4. Schritt (Markieren von Q): Läßt sich Q von P vorwärts markieren, so gib ihm die Marke (P→,x), wo x der maximale Betrag ist, um den sich der Fluß von P nach Q vergrößern läßt. Läßt sich Q von P rückwärts markieren, gib ihm die Marke (P←,x), wo x der Betrag des Flusses von Q nach P ist.

5. Schritt: Ist Z markiert, läßt sich der Fluß von A nach Z vergrößern; gehe zum 6. Schritt. Andernfalls gehe zurück zum 2. Schritt.

6. Schritt (Vergrößern des Flusses): Verfolge die gesetzten Marken von Z bis A zurück und bestimme den Engpaß (das Minimum der x-Werte, die entlang des Weges auftauchen).
Vergrößere den Fluß längs der Vorwärtskanten des Weges und verkleinere ihn längs seiner Rückwärtskanten jeweils um dieses Minimum.

7. Schritt: Lösche alle Marken und gehe zurück zum 2. Schritt.

Das Kernstück dieses Algorithmus' ist der auf Ford und Fulkerson (1957) zurückgehende Markierungsprozeß. Mit ihm können auch Transportprobleme ganz anderen Kalibers gelöst werden. Vielleicht läßt sich jetzt ahnen, warum nicht nur Früchtekonzerne sich dieses Algorithmus' bemächtigt haben.

Aufgaben

1. Zeige, daß die Kantenbelegungen in der zweiten Figur dieses Abschnitts zulässig sind. Welchen Wert hat der Fluß?
2. Man zeige: Bei Vergrößerung des Flusses längs eines flußvergrößernden Weges von A nach Z bleibt die Erhaltungsbedingung erfüllt.
3. Gib ein möglichst einfaches Transportnetz an, in dem es mehr als einen maximalen Fluß gibt.
4. Gib für das Netz der ersten Figur dieses Abschnitts einen maximalen Fluß an, bei dem neben der Kante GF auch die Kante CB mit 0 belegt ist.

5.

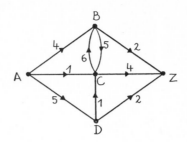

a) Man liste sämtliche acht Schnitte auf. Welches sind die Schnitte mit minimaler Gesamtkapazität der sie überquerenden Vorwärtskanten (minimale Schnitte)?

b) Bestimme mit dem Algorithmus von Ford/Fulkerson einen maximalen Fluß und vergleiche dessen Wert mit dem Ergebnis aus a).

6.* Beweise, daß die Vorstellung "Alles, was in A auf den Weg gebracht wird, kommt in Z an" (siehe S. 115) in der Tat richtig ist.

7. Bestimme, ausgehend von einem geeigneten Anfangsfluß, einen maximalen Fluß zu:

a)

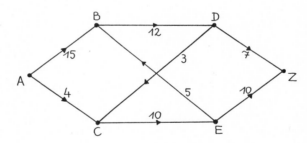

b)

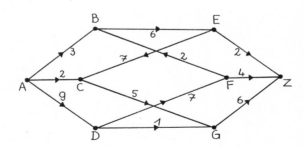

c)

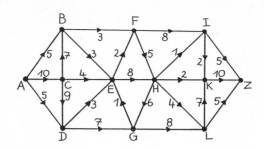

8. Nehmen wir an, der Algorithmus von Ford/Fulkerson hat gestoppt. Man ent-
scheide, welche der folgenden Behauptungen dann wahr sind:
a) Alle Kanten sind gesättigt.
b) Alle Kanten sind mit nicht – negativen ganzen Zahlen belegt.
c) Der Wert des gefundenen Flusses ist eine nicht – negative ganze Zahl.
d) Sämtliche Kanten zwischen markierten und nicht – markierten Punkten sind gesättigt.

In den Transportnetzen, wie sie bisher benutzt wurden, waren
(1)   die Kanten gerichtet,
(2)   die Lagerkapazitäten in den Punkten unbeschränkt,
(3)   genau zwei Punkte – der Ausgangspunkt A und der Zielpunkt Z – besonders
      ausgezeichnet.

Man kann den Algorithmus von Ford/Fulkerson auch dann anwenden, wenn eine
oder mehrere dieser Bedingungen nicht erfüllt sind. Dazu hat man das Netz nach
folgenden Korrekturvorschriften zu modifizieren:

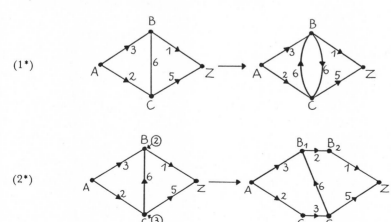

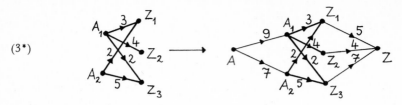

(3*)

9. Man bestimme einen maximalen Fluß zu

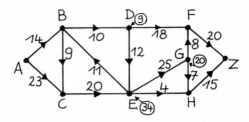

10. Ein Landmaschinenhersteller muß so viele Traktoren wie möglich von seinen zwei Fabriken A_1 und A_2 zu den beiden Abnehmermärkten Z_1 und Z_2 schaffen. Wie viele Traktoren kann er zusichern?

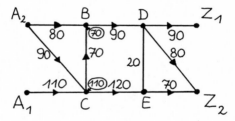

Auf Stellensuche

Eine Firma schreibt 6 Stellen aus. Es reagieren 5 Bewerber. Der Personalchef macht sich eine Übersicht, welche Bewerber sich für welche Stellen interessieren:

Bewerber   Stelle

```
B                              T
C                              U
D                              V
E                              W
F                              X
                               Y
```

Die Auswahlkommission möchte möglichst viele Wünsche berücksichtigen. Ein Mitglied schlägt folgende Lösung vor:

und behauptet, mehr Wünsche ließen sich nicht erfüllen; C könne man somit keine Stelle mehr anbieten. Ein Kollege (der Hausmathematiker) äußert Zweifel und bietet den Algorithmus von Ford/Fulkerson an:

(Alle Kanten haben die Kapazität 1.)

11.a) Man begründe, weshalb diese Vorgehensweise zu einer Lösung des Stellenproblems führt; insbesondere zeige man, weshalb schließlich das Verfahren jedem Bewerber höchstens einen Job zuordnet und jede Stelle mit höchstens einem Bewerber besetzt.
b) Geben Sie eine mögliche Lösung an.
12. *

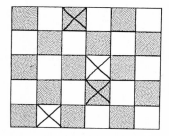

Sicher gibt es eine Möglichkeit, dieses Brett ohne Beachtung der Kreuze mit Dominosteinen der Größe genau zweier Felder zu überdecken. Gibt es immer noch eine vollständige Überdeckung, wenn die angekreuzten Felder nicht benutzt werden dürfen? (Übrigens ist diese Fragestellung von Bedeutung in der Molekularphysik, ein allgemeines Lösungsverfahren daher von Interesse.) Man übersetze so, daß der Algorithmus von Ford/Fulkerson eine Lösung liefert.

Ein Algorithmus wird schneller

Beobachten wir, was der Algorithmus .von Ford/Fulkerson tut, wenn ihm beispielsweise das Netz

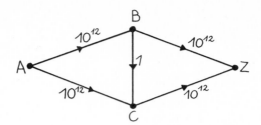

vorgelegt wird!

Zunächst wird er alle Kanten mit Null belegen, dann nach einem flußvergrößern-den Weg von A nach Z suchen. Wählt er – was durchaus passieren kann – ab-wechselnd die Wege ABCZ und ACBZ, so nimmt der Fluß jeweils um 1 zu. Der Algorithmus benötigt dann für seine Arbeit zwei Billionen Durchläufe, die er eben-sogut in zweien hätte schaffen können (wie?).

Man sieht: Stellt sich der Algorithmus "dumm" an, so kann sich seine Laufzeit ungeheuer verlängern. Dies ist, schon aus Kostengründen, unerwünscht. Edmonds und Karp gelang es 1972, diese "Macke" zu beheben, indem sie den Markierungs-prozeß systematisierten.

Die Nachbarschaft eines Punktes oder kurz *einen Punkt zu durchkämmen*, heißt, alle Punkte, die mit ihm durch eine Vorwärts – oder Rückwärtskante verbunden sind, daraufhin zu durchmustern, ob sie von ihm aus markierbar sind und, falls ja, sie zu markieren. Ist der Anfangspunkt A markiert, so folgt der weitere Markie-rungsprozeß dem sog. *"Zuerst – markiert – zuerst – durchkämmt"* – Prinzip (Ed-monds/Karp, 1972): Während einer Markierungswelle sind genau die Punkte zu durchkämmen, die während der vorangehenden Welle markiert wurden.

Für den so verbesserten Algorithmus von Ford/Fulkerson läßt sich mit einigem Aufwand eine von der Kantenkapazität unabhängige Laufzeitabschätzung geben. Ist n die Anzahl der Punkte des Netzes, so sind zur Erreichung eines maximalen Flusses insgesamt der Größenordnung nach n^5 Inspektionen notwendig.

13. Man formuliere einen Flußvergrößerungsalgorithmus, der von dem "Zuerst – markiert – zuerst – durchkämmt" – Prinzip Gebrauch macht.
14. Man zeige: Das Verfahren von Edmonds/Karp wählt unter allen flußvergrö-ßernden Wegen von A nach Z stets einen aus, der durch möglichst wenig Punkte führt.

Mathematischer Leitfaden

1. Abzählen mit elementaren Zählprinzipien

1.1 Bananenkisten und Teileranzahlen – Produkt- und Summenregel

Kombinatorischer Kern der Lademeister – Geschichte und des zugehörigen Aufgabenteils ist die

Produktregel: Besteht ein Entscheidungsprozeß aus k voneinander unabhängigen Schritten, wobei man sich im ersten Schritt auf n_1 verschiedene Weisen, im zweiten auf n_2, ... und im letzten Schritt auf n_k verschiedene Weisen entscheiden kann, so gibt es

$$n_1 \cdot n_2 \cdot \ldots \cdot n_k$$

Möglichkeiten, den gesamten Entscheidungsprozeß zu durchlaufen.

Die einzelnen Schritte des Entscheidungsprozesses lassen sich anschaulich mit einem Baumdiagramm entwickeln.

Spezialfälle:
1. Kann man sich bei jedem Schritt auf gleichviele, etwa n Arten, entscheiden, so gibt es bei insgesamt k Schritten n^k Möglichkeiten, den gesamten Entscheidungsprozeß zu durchlaufen.
2. Kann man sich im ersten Schritt auf n Arten entscheiden, und nimmt bei jedem Schritt die Anzahl der Entscheidungsmöglichkeiten um Eins ab, so gibt es bei insgesamt k Schritten

$$n \cdot (n-1) \cdot \ldots \cdot (n-k+1)$$

Möglichkeiten, den gesamten Entscheidungsprozeß zu durchlaufen. Ist außerdem k = n, so gibt es

$$n \cdot (n-1) \cdot \ldots \cdot (n-n+1) = n \cdot (n-1) \cdot \ldots \cdot 1$$

Möglichkeiten. Für dieses Produkt schreibt man kürzer n!, gelesen: n *Fakultät*.

Jede Anordnung von n Elementen nennt man eine *Permutation* dieser Elemente. Es gibt also n! solcher Permutationen.

Die genannten Spezialfälle kann man interpretieren

im *Wortmodell*: Aus einem Alphabet mit n Buchstaben lassen sich n^k Wörter der Länge k bilden (bzw. $n \cdot (n-1) \cdot \ldots \cdot (n-k+1)$ Wörter mit lauter verschiedenen Buchstaben)

oder im *Urnenmodell*: Aus einer Urne mit n Kugeln lassen sich n^k geordnete Stichproben mit Zurücklegen vom Umfang k entnehmen (bzw. $n \cdot (n-1) \cdot \ldots \cdot (n-k+1)$ geordnete Stichproben ohne Zurücklegen).

Fast selbstverständlich – und in Aufgabe 4.c und 7 zu 1.1 bereits vorgekommen – ist folgender Abzählgedanke: Kann man etwas entweder auf die eine oder andere Weise tun, hat man beispielsweise 3 Möglichkeiten für die eine, 5 für die andere, so hat man insgesamt $3 + 5 = 8$ Möglichkeiten.

Dieses Prinzip formulieren wir in der

Summenregel: Hat man für eine Entscheidung k Alternativen, die einander ausschließen, wobei für die erste n_1, die zweite n_2 ... und die letzte n_k Möglichkeiten bestehen, so kann man sich auf insgesamt

$$n_1 + n_2 + \ldots + n_k$$

verschiedene Weisen entscheiden.

1.3 Lotto spielen und Verwandtes – Pascalzahlen

Abstrahieren wir von der besonderen Natur unserer Einstiegsbeispiele, so können wir folgende Ergebnisse festhalten: Aus n Objekten lassen sich k Objekte auf $\binom{n}{k}$ verschiedene Weisen auswählen. In der Mengensprache bedeutet dies: *Eine n – elementige Menge hat* $\binom{n}{k}$ *k – elementige Teilmengen.*

Da sich jede solche Teilmenge auf k! Arten anordnen läßt, gibt es nach der Produktregel $k! \cdot \binom{n}{k}$ Möglichkeiten, k aus n Elementen *unter Beachtung der Reihenfolge* auszuwählen. Dies ist, wie wir wissen, auf $n \cdot (n-1) \cdot \ldots \cdot (n-k+1)$ Arten möglich. Daher folgt

$$k! \cdot \binom{n}{k} = n \cdot (n-1) \cdot \ldots \cdot (n-k+1)$$

und daraus die *explizite Darstellung* der Pascal – Zahlen

$$(1) \qquad \binom{n}{k} = \frac{n(n-1)\ldots(n-k+1)}{k!} \;, \qquad k \leqq n.$$

Durch Erweitern mit $(n-k)!$ erhält man

$$(2) \qquad \binom{n}{k} = \frac{n!}{(n-k)!\,k!} \;.$$

Damit (2) auch für $k=n$ gilt, müssen wir wegen $\binom{n}{n}=1$ die Gleichung $0!=1$ vereinbaren. Eine Folge dieser Definition ist die Festsetzung $\binom{0}{0}=1$, mit deren Hilfe wir das Pascalsche Zahlendreieck durch die 0 – te Zeile ergänzen können:

```
n=0                                 1

n=1                           1           1

n=2                     1           2           1

n=3               1           3           3           1

n=4         1           4           6           4           1
  .        /           /
  .     k=0        k=1    . . . . . . . . . . . . . .
```

Die Pascal – Zahl $\binom{n}{k}$ steht dabei in der $n-$ten Zeile an $k-$ter Stelle (beginnend jeweils mit 0).

Die schrittweise Konstruktion des Pascalschen Zahlendreiecks findet ihren Ausdruck in der *rekursiven Darstellung* der Pascal – Zahlen

$$(3) \qquad \begin{aligned} \binom{n}{k} &= \binom{n-1}{k-1} + \binom{n-1}{k} \;, \\[2mm] \binom{n}{0} &= 1, \quad \binom{n}{n} = 1 \;. \end{aligned}$$

Die Symmetrie des Zahlendreiecks spiegelt sich in der Beziehung

$$\binom{n}{k} = \binom{n}{n-k}$$

wider. Sie läßt sich durch Einsetzen sofort aus der Darstellung (2) bestätigen.

Da die Pascal – Zahlen bei der Entwicklung des Binoms $(a+b)^n$ auftreten (vgl. Aufgabe 11 zu 1.3), nennt man sie auch *Binomialkoeffizienten*.

Zusammenfassende *Übersicht* über die Anzahl der Möglichkeiten, k Objekte aus einer Gesamtheit von n Objekten auszuwählen:

		Dürfen Objekte mehrfach auftreten?	
		ja	nein
Spielt die Reihenfolge der ausgewählten Objekte eine Rolle?	ja	n^k	$n(n-1)\ldots(n-k+1)$
	nein	$\binom{n+k-1}{k}$ [1)	$\binom{n}{k}$

1.4 Gemeinsame Teiler − Das Prinzip vom Ein− und Ausschluß

An einem Problem der Zahlentheorie wurde das *Prinzip vom Ein− und Ausschluß* entwickelt: Für endliche Mengen A_1, A_2, ..., A_k gilt:

$$|A_1 \cup A_2 \cup \ldots \cup A_k|$$
$$= |A_1| + |A_2| + \ldots + |A_k|$$
$$- |A_1 \cap A_2| - |A_1 \cap A_3| - \ldots - |A_{k-1} \cap A_k|$$
$$+ |A_1 \cap A_2 \cap A_3| + |A_1 \cap A_2 \cap A_4| + \ldots + |A_{k-2} \cap A_{k-1} \cap A_k|$$
$$- \ldots$$
$$\cdot \quad \cdot \quad \cdot \quad \cdot \quad \cdot \quad \cdot \quad \cdot \quad \cdot \quad \cdot \quad \cdot \quad \cdot$$
$$\pm |A_1 \cap A_2 \cap \ldots \cap A_k| \; .$$

Die Richtigkeit dieser Formel läßt sich rein kombinatorisch einsehen: Ist ein Element in nur einer der Mengen enthalten, wird es auf der rechten Seite auch genau einmal gezählt, denn es liegt in keinem der Durchschnitte. Ist ein Element in genau zwei der Mengen enthalten, so wird es in der ersten Zeile der rechten Seite genau zweimal gezählt, dafür in der zweiten Zeile einmal wieder abgezogen. Da es in allen weiteren Durchschnitten nicht liegen kann, werden auch die Elemente, die in zwei der Mengen liegen, auf der rechten Seite genau einmal gezählt. Betrachten wir ein Element der Vereinigung, das in − sagen wir − m der Mengen A_1, ..., A_k enthalten ist. Dieses Element wird dann auf der rechten Seite der Formel zunächst m − mal gezählt, dann $\binom{m}{2}$ − mal abgezogen (denn aus den m Mengen, zu denen das Element gehört, lassen sich $\binom{m}{2}$ Zweierdurchschnitte bilden), dann $\binom{m}{3}$ − mal erneut gezählt usw. Insgesamt wird es daher

$$\left[\binom{m}{1} - \binom{m}{2} + \binom{m}{3} - \ldots \pm \binom{m}{m} \right] \text{ −mal}$$

---

1) Siehe Aufgabe 21.b).

gezählt. Nun ist

$$\binom{m}{0} - \left[\binom{m}{1} - \binom{m}{2} + \binom{m}{3} - \cdots \pm \binom{m}{m}\right] = 0$$

(vgl. Aufgabe 11.g zu 1.3), d.h. das Element wird $\binom{m}{0} -$ mal, also wie verlangt genau einmal, gezählt.

Häufig sind *die* Elemente einer endlichen Menge M auszuzählen, die in keiner der k Teilmengen A_1, A_2, ..., A_k von M enthalten sind. Gesucht ist somit die Anzahl der Elemente von $A_1' \cap A_2' \cap \ldots \cap A_k'$, wenn A_i' das Komplement der Menge A_i bezeichnet. Man erhält sie, indem man von der Gesamtanzahl aller Elemente die Anzahl derjenigen abzieht, die in mindestens einer der Teilmengen liegen. Also ist

$$|A_1' \cap A_2' \cap \ldots \cap A_k'| \;=\; |M| - |A_1 \cup A_2 \cup \ldots \cup A_k|$$

Damit ist dieses Zählproblem auf die Anwendung des Prinzips vom Ein – und Ausschluß zurückgeführt.

Der Übergang zu den Komplementärmengen bietet sich immer dann an, wenn man 'direkt' (d.h. über die Vereinigungsbildung) nicht weiterkommt.

2. Abzählen mit der Methode der erzeugenden Reihe

A. Methode der erzeugenden Reihe

Ist die Folge

$$a_0, \ a_1, \ a_2, \ a_3, \ \ldots, \ a_k, \ \ldots$$

die Lösung eines Abzählproblems, also z.B. a_k die Anzahl der Möglichkeiten, einen Betrag von k Pf in einem gegebenen Münzsystem zu wechseln, so ist mit dieser Folge in natürlicher Weise die Potenzreihe

$$f(x) \;=\; a_0 + a_1 x + a_2 x^2 + a_3 x^3 + \ldots + a_k x^k + \ldots$$

verbunden. Sie heißt die *erzeugende Reihe* des Abzählproblems. (Mit erzeugenden Reihen rechnet man nach den bekannten Regeln der Algebra, d.h. x ist lediglich ein "Rechensymbol", das nur in Sonderfällen für eine Zahl steht.)

Die *Technik des Produktansatzes* für erzeugende Reihen zu Zahlzerlegungsproblemen beruht auf folgendem Ergebnis:

Denkt man sich den Summandenvorrat S, nach dem eine natürliche Zahl zu zer-
legen ist, aufgespalten in die Teilvorräte S' und S", und gehört zum Zerlegungs-
problem bzgl. S' die erzeugende Reihe

$$f(x,S') = a_0(S') + a_1(S')x + a_2(S')x^2 + \ldots$$

und zu S" die Reihe

$$f(x,S") = a_0(S") + a_1(S")x + a_2(S")x^2 + \ldots ,$$

so ergibt sich die erzeugende Reihe f(x,S) bzgl. des Gesamtvorrates S = S' ∪ S"
aus dem Produkt der Reihen bzgl. S' und S"

$$(1) \quad f(x,S) = f(x,S') \cdot f(x,S").$$

Beweis:

$$(1') \quad a_0(S')a_k(S") + \ldots + a_j(S')a_{k-j}(S") + \ldots + a_k(S')a_0(S")$$

ist der Koeffizient von x^k in der Entwicklung der rechten Seite von (1). Zu zeigen
ist, daß (1') auch Koeffizient von x^k in der Entwicklung der linken Seite von (1),
also von f(x,S) ist.

Die Zahl k läßt sich nach dem Summandenvorrat S = S' ∪ S" zerlegen, indem man

entweder   keinen Summanden aus S' *und* nur Summanden aus S" verwendet
oder   . . . .
oder   die Zahl j nach S' *und* die Zahl k − j nach S" zerlegt
oder   . . . .
oder   nur Summanden aus S' *und* keine aus S" verwendet.

Nach Produkt − und Summenregel gibt daher (1') an, auf wie viele Arten sich die
Zahl k bzgl. S = S' ∪ S" zerlegen läßt. Folglich ist (1') der Koeffizient von x^k in
der Reihenentwicklung von f(x,S), was zu zeigen war.   □

Die Leistungsfähigkeit der Methode verdeutlichen die beiden folgenden Verfahren.

Explizite Darstellung linearer Rekursionen

Das Lösungsverfahren wird skizziert am Beispiel der *linearen Rekursion* zweiter
Ordnung[1].

$$a_0 = 0, \quad a_1 = 1,$$
$$a_k = a_{k-1} + a_{k-2}, \qquad k \geq 2.$$

---

1) Sie gibt die Folge der Fibonacci − Zahlen; vgl. die Aufgabe 2 zu 2.3.

Zur Folge a_k gehört die erzeugende Reihe

$$f(x) = a_0 + a_1 x + a_2 x^2 + \ldots + a_k x^k + \ldots .$$

Die lineare Rekursion gibt an, wie diese Reihe algebraisch zu manipulieren ist, damit schließlich für $f(x)$ eine Gleichung entsteht, in der außer den gegebenen Anfangswerten keine a_k mehr vorkommen.

$$f(x) = a_0 + a_1 x + a_2 x^2 + \ldots + a_k x^k + \ldots$$
$$x f(x) = a_0 x + a_1 x^2 + \ldots + a_{k-1} x^k + \ldots$$
$$x^2 f(x) = a_0 x^2 + \ldots + a_{k-2} x^k + \ldots$$

Subtrahiert man die beiden letzten Gleichungen von der ersten, so erhält man

$$(1 - x - x^2) f(x) = a_0 + (a_1 - a_0)x + 0 \cdot x^2 + \ldots + 0 \cdot x^k + \ldots$$

und daher

$$f(x) = \frac{x}{1 - x - x^2} \; .$$

Gelingt es, den Bruch in Teilbrüche zu zerlegen,

$$f(x) = \frac{A}{1 - ax} + \frac{B}{1 - bx} \; ,$$

so läßt sich jeder Summand einzeln in eine geometrische Reihe entwickeln. Aus der Summe beider Reihen liest man dann den Koeffizienten von x^k ab; er ist das gesuchte a_k. (Zur Methode der Partialbruchzerlegung siehe Seite 134 ff; dort wird auch der Fall angesprochen, daß sich $f(x)$ nicht in der angegebenen Weise in Teilbrüche zerlegen läßt.)

Die beschriebene Methode läßt sich ohne Schwierigkeiten auf lineare Rekursionen mit konstanten Koeffizienten höherer Ordnung übertragen.

Algebraischer Beweis von Identitäten

Man kann mit der Methode der erzeugenden Reihe eine Vielzahl von Identitäten rein algebraisch beweisen. Wir erläutern das Verfahren am Beispiel der Gleichung

$$\binom{2n}{n} = \binom{n}{0}^2 + \binom{n}{1}^2 + \binom{n}{2}^2 + \ldots + \binom{n}{n}^2 ,$$

die in Aufgabe 12 zu 1.3 bereits durch rein kombinatorische Überlegungen gewonnen wurde.

Der alternative Lösungsweg: $\binom{2n}{n}$ ist der Koeffizient von x^n in der Entwicklung von $(1 + x)^{2n}$. Nun ist aber

$$(1 + x)^{2n} = (1 + x)^n (1 + x)^n$$

$$= \left[\binom{n}{0} + \binom{n}{1}x + \ldots + \binom{n}{n}x^n \right]\left[\binom{n}{0} + \binom{n}{1}x + \ldots + \binom{n}{n}x^n \right] .$$

Nach Ausmultiplizieren der rechten Seite ist der Koeffizient von x^n gleich

$$\binom{n}{0}\binom{n}{n} + \binom{n}{1}\binom{n}{n-1} + \binom{n}{2}\binom{n}{n-2} + \ldots + \binom{n}{n}\binom{n}{0},$$

womit wegen der Symmetrie der Binominalkoeffizienten die obige Identität auf algebraischem Wege bewiesen ist.

B. Algebraische Techniken

B.1 Techniken zur Gewinnung der Koeffizienten

Geometrische Reihe

a) In der Aufgabe 4.a zum Abschnitt 2.2 wird die Identität

$$1 + x + x^2 + \ldots + x^n = \frac{1-x^{n+1}}{1-x}$$

bewiesen. Sie ist sogar richtig, wenn man für x eine von Eins verschiedene reelle Zahl einsetzt.

b) Die nicht abbrechende Reihe

$$1 + x + x^2 + \ldots$$

heißt *geometrische Reihe*. Für sie gilt die Beziehung

$$1 + x + x^2 + \ldots = \frac{1}{1-x}$$

(vgl. (2), Abschnitt 2.2). Auch sie ist numerisch richtig, allerdings nur für $|x| < 1$, in dem Sinne, daß der Zahlenwert von $\frac{1}{1-x}$ umso weniger von dem Zahlenwert von $1 + x + x^2 + \ldots + x^n$ abweicht, je größer n wird.

Liest man die Beziehung von rechts nach links, so heißt dies, daß sich der Ausdruck

$$f(x) = \frac{1}{1-x}$$

in die geometrische Reihe entwickeln läßt.

c) Nach dem Ergebnis aus Aufgabe 7.a zum Abschnitt 2.2 gilt die Entwicklung

$$\frac{1}{(1-x)^n} = 1 + \binom{1+n-1}{1}x + \binom{2+n-1}{2}x^2 + \ldots + \binom{k+n-1}{k}x^k + \ldots \,.$$

Binomialentwicklung

a) Besonders wichtig ist die Entwicklung des Binoms $(1+x)^n$:

$$(1+x)^n = 1 + \binom{n}{1}x + \binom{n}{2}x^2 + \ldots + \binom{n}{n}x^n$$

(vgl. Aufgabe 16 zu Abschnitt 1.3).

b) Ersetzt man in der Binomialentwicklung x durch $-x^m$, so erhält man

$$(1-x^m)^n = 1 - \binom{n}{1}x^m + \binom{n}{2}x^{2m} - \ldots + (-1)^n \binom{n}{n}x^{nm}.$$

Cauchy – Produkt

a) Haben $f(x)$ bzw. $g(x)$ die Reihenentwicklungen

$$f(x) = a_0 + a_1 x + a_2 x^2 + \ldots$$

und

$$g(x) = b_0 + b_1 x + b_2 x^2 + \ldots \,,$$

so hat $f(x) \cdot g(x)$ die Entwicklung

$$f(x) \cdot g(x) = a_0 b_0 + (a_0 b_1 + a_1 b_0)x + (a_0 b_2 + a_1 b_1 + a_2 b_0)x^2 + \ldots$$

$$\ldots + (a_0 b_k + a_1 b_{k-1} + \ldots + a_k b_0)x^k + \ldots \,.$$

Kennt man daher die Koeffizienten der Entwicklungen von $f(x)$ und $g(x)$, so kennt man auch die Koeffizienten der *Reihenentwicklung des Produktes.*

b) Sind umgekehrt die Koeffizienten c_0, c_1, c_2, ... des Produktes $f(x) \cdot g(x)$ bekannt und außerdem $f(x)$ gegeben, z.B.

$$f(x) = 1 - x^m,$$

so lassen sich die Koeffizienten b_0, b_1, b_2, ... von $g(x)$ aus der Gleichung

$$c_0 + c_1 x + c_2 x^2 + \ldots = (1 - x^m)(b_0 + b_1 x + b_2 x^2 + \ldots)$$

rekursiv gewinnen:

$$b_0 = c_0, \quad b_1 = c_1, \quad \ldots, \quad b_{m-1} = c_{m-1}$$

$$b_n = b_{n-m} + c_n \quad \text{für } n \geqq m.$$

Entsprechend verfährt man, falls $f(x)$ durch irgendeine abbrechende Potenzreihe gegeben ist.

B.2 Partialbruchzerlegung

Im Abschnitt 2.3 wurde der Ausdruck $\frac{1+x}{1-2x-x^2}$ in Teilbrüche zerlegt. Dieses Verfahren läßt sich verallgemeinern. Zähler und Nenner des Quotienten $\frac{1+x}{1-2x-x^2}$ sind
Polynome, d.h. von der Form

$$p(x) = a_n x^n + a_{n-1} x^{n-1} + \ldots + a_1 x + a_0$$

($a_i \in \mathbb{R}$, $a_n \neq 0$; n heißt Grad von p(x)).

Tatsächlich läßt sich jeder Quotient

$$f(x) = \frac{p(x)}{q(x)}$$

von Polynomen in *Partialbrüche* zerlegen. Interessant ist nur der Fall, daß der Grad
von p(x) kleiner ist als der von q(x) (sonst spaltet man vorher durch Division ein
Polynom ab; Beispiel: $\frac{x^3}{x^2-1} = x + \frac{x}{x^2-1}$).

Die Partialbruchzerlegung hängt von den Nullstellen (mit Vielfachheiten) des Nen-
nerpolynoms q(x) ab; wir behandeln hier nur den Fall, daß q(x) lauter reelle Nullstellen besitzt, wobei wir auf Beweise verzichten. q(x) läßt sich dann in der Form
$(x - x_1)(x - x_2)\ldots(x - x_k)$ schreiben, wobei k der Grad und die reellen x_i gerade die
Nullstellen von q(x) sind.

a) Hat q(x) lauter *verschiedene* reelle Nullstellen, etwa x_1, ..., x_k, so läßt sich f(x)
mit geeigneten reellen Zahlen A_1, ..., A_k auf folgende Weise in Partialbrüche zerlegen[1]:

$$(1) \quad f(x) = \frac{A_1}{x-x_1} + \frac{A_2}{x-x_2} + \ldots + \frac{A_k}{x-x_k} \ .$$

Für die praktische Bestimmung der A_i kann man entweder nach Multiplikation von
(1) mit $(x - x_i)$ $x = x_i$ setzen und daraus direkt A_i bestimmen (*Einsetzmethode*), oder
man multipliziert (1) mit q(x) und vergleicht nach Ausmultiplizieren und Zusammenfassen die Koeffizienten der linken und rechten Seite (*Methode des Koeffi-
zientenvergleichs*); dabei entsteht ein Gleichungssystem für die A_i.

Beispiel: In $f(x) = \frac{x}{x^2+x-2}$ hat das Nennerpolynom $q(x) = x^2 + x - 2$ die Nullstellen $x_1 = 1$ und $x_2 = -2$. Aus dem Ansatz

---

1) Um aus $\frac{A_i}{x-x_i}$ die in Abschnitt 3.3 gegebene Form $\frac{A}{1-ax}$ zu erhalten, setze man $A := -\frac{A_i}{x_i}$ und
$a := \frac{1}{x_i}$.

$$f(x) = \frac{A_1}{x-1} + \frac{A_2}{x+2}$$

folgt nach Multiplikation mit $(x-1)$

$$\frac{x}{x+2} = A_1 + \frac{A_2(x-1)}{x+2} \quad,$$

also für $x = 1$ sofort $A_1 = \frac{1}{3}$, und nach Multiplikation mit $(x+2)$

$$\frac{x}{x-1} = \frac{A_1(x+2)}{x-1} + A_2 \quad,$$

also für $x = -2$ $A_2 = \frac{2}{3}$. Die Partialbruchzerlegung von $f(x)$ ist daher

$$f(x) = \frac{1}{3x-3} + \frac{2}{3x+6} \quad.$$

b) Hat $q(x)$ auch mehrfache reelle Nullstellen, so führt der Ansatz (1) nicht zum Ziel, wie das Beispiel

$$f(x) = \frac{x}{x^2-2x+1} = \frac{x}{(x-1)^2}$$

mit der zweifachen Nullstelle $x_1 = 1$ zeigt: Der Ansatz

$$\frac{x}{(x-1)^2} = \frac{A_1}{x-1} + \frac{A_2}{x-1}$$

führt zu $x = A_1(x-1) + A_2(x-1)$ und damit nach Koeffizientenvergleich zu dem Widerspruch $A_1 + A_2 = 1$ und $A_1 + A_2 = 0$. Ersatz ist in diesem Beispiel der Zerlegungsansatz

$$f(x) = \frac{A_1}{(x-1)^2} + \frac{A_2}{x-1}$$

(mit den Lösungen $A_1 = A_2 = 1$).

Hätte im allgemeineren Fall das Nennerpolynom $q(x)$ etwa x_1 als dreifache und x_2 als einfache Nullstelle, so ist in der Partialbruchzerlegung von $f(x)$ dafür entsprechend die Summe

$$\frac{A_1}{(x-x_1)^3} + \frac{A_2}{(x-x_1)^2} + \frac{A_3}{x-x_1} + \frac{A_4}{x-x_2}$$

anzusetzen.

Das Verfahren läßt sich übrigens sinngemäß auf den Fall übertragen, daß das Nennerpolynom $q(x)$ auch komplexe Nullstellen besitzt.

C. Turmpolynome

Die Methode der Turmpolynome ist immer dann anwendbar, wenn die Anzahl der Möglichkeiten zu zählen ist, n Plätze mit n Objekten so zu belegen, daß keines einen verbotenen Platz einnimmt.

Jedes derartige Anzahlproblem läßt sich durch Abzählen von Turmstellungen lösen: Denkt man sich jeden der n Plätze 1,2,...,n durch eine Spalte eines nxn – Schachbrettes und jedes der n Objekte 1,2,...,n durch einen Turm vertreten, so sind die Türme zeilenweise so zu setzen, daß sie sich gegenseitig nicht schlagen können und keiner auf einem verbotenen Feld steht (die Figur zeigt ein Beispiel).

Die Kreuze markieren verbotene Felder, die Kreise sind Türme.

Aus dem Prinzip vom Ein – und Ausschluß folgt: *Die Anzahl der Möglichkeiten, n Plätze durch n Objekte so zu belegen, daß keines einen verbotenen Platz einnimmt, ist gleich*

(1) $n! - t_1(n-1)! + \ldots \pm t_k(n-k)! \ldots \pm t_n 0!$,

wobei t_k angibt, auf wie viele Arten sich k nicht – schlagende Türme auf das Brett B der verbotenen Positionen setzen lassen (s. Abschnitt 2.4).

Die t_k lassen sich mit Hilfe algebraischer Techniken bestimmen. Dazu definiert man: Die abbrechende Reihe

$$T(x,B) = t_0(B) + \ldots + t_k(B)x^k + \ldots$$

heißt *Turmpolynom zum Brett B*, wenn $t_k(B)$ angibt, auf wie viele Arten sich k nicht – schlagende Türme auf das Brett B setzen lassen.

Die Koeffizienten der Turmpolynome zu kleinen Brettern lassen sich direkt ablesen; große Bretter werden – bei Bedarf wiederholt – in kleine Bretter zerschnitten. Zwei Zerschneidungsmethoden stehen zur Verfügung:

Methode 1 (Zerschneiden in disjunkte Bretter): Das Brett B wird – wenn möglich – so in zwei Teilbretter B' und B" zerschnitten, daß auf verschiedene Teilbretter gesetzte Türme sich gegenseitig nicht schlagen können. Dann gilt

$$T(x,B) \;=\; T(x,B') \cdot T(x,B") \;.$$

Methode 2 (Zerschneiden nach einem Feld): Das Brett B wird nach einem ausgezeichneten Feld in die beiden Teilbretter B' (B ohne das ausgezeichnete Feld) und B" (B ohne die Zeile und Spalte des ausgezeichneten Feldes) zerschnitten. Dann gilt

$$T(x,B) \;=\; T(x,B') \;+\; x \cdot T(x,B") \;.$$

Optimieren in Netzen

3.1 Zeit sparen – Kürzeste Wege in Graphen

Graphen bestehen aus *Punkten*, von denen einige mit *Kanten* verbunden sind. Straßenpläne sind Beispiele für Graphen mit endlich vielen Punkten und Kanten (*endliche Graphen*). Wir betrachten solche Pläne, in denen je zwei Punkte durch jeweils höchstens eine Kante verbunden sind, in denen es also keine *parallelen* Kanten gibt. Zudem sei jeder Kante k eine nichtnegative Zahl l(k), ihre *Länge*, zugeordnet.

parallele Kanten   Weg von P nach Q

Ein Kantenzug W, der die Punkte P und Q verbindet, heißt *Weg* von P nach Q (bzw. von Q nach P). Die Summe der Längen seiner Kanten heißt seine *Länge*. W heißt *kürzester Weg* von P nach Q bzw. von Q nach P, wenn es keinen Weg kleinerer Länge von P nach Q gibt. Ein Graph heißt *zusammenhängend*, wenn je zwei seiner Punkte durch mindestens einen Weg miteinander verbunden sind. Wir betrachten hier nur zusammenhängende Graphen.

Wir bemerken: Jeder Teilweg eines kürzesten Weges ist selbst ein kürzester Weg. Daher liegt es nahe zu versuchen, kürzeste Wege aus kürzesten Wegen zu gewinnen.

Es sei ein Graph $\underline{G}$ der geforderten Art vorgelegt; gesucht ist ein kürzester Weg von einem Punkt A, dem *Anfangspunkt*, zu einem Punkt Z, dem *Zielpunkt*.

S sei eine Teilmenge der Punkte von $\underline{G}$ mit $A \in S$ und $Z \notin S$. Eine Kante von $\underline{G}$ heißt Schnittkante (zu S), wenn der eine ihrer Endpunkte in S, der andere nicht in S, also in $\overline{S}$ liegt. $(S, \overline{S})$, die Menge aller Schnittkanten, heißt *Schnitt*.

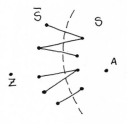

Schnitt

Satz: Angenommen, man kennt für eine Teilmenge S der Punkte P eines Graphen mit $A \in S$ und $Z \in \overline{S}$ jeweils kürzeste Wege von A nach P. Bezeichnet man mit L(P) ihre Länge und ist $k^* = P^*Q^*$ eine Schnittkante aus $(S, \overline{S})$, für die im Vergleich zu den anderen Schnittkanten $k = PQ$ die Summe $L(P) + l(k)$ minimal ist, so führt ein kürzester Weg von A nach Q^* über P^* und seine Länge ist $L(P^*) + l(k^*)$.

Beweis: Angenommen, es gibt einen kürzeren Weg W' von A nach Q^* als den Weg W über P^*.

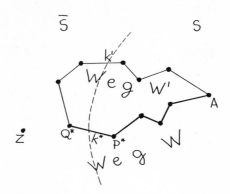

W' muß jedenfalls wenigstens eine der Schnittkanten $k \in (S,\overline{S})$ enthalten, etwa die Kante k'. Damit ist der Teilweg von A bis zum Ende der Schnittkante k' des Weges W' sicherlich nicht kürzer als W; denn k' ist eine der Kanten, über die das Minimum von $L(P) + l(k)$ gebildet wurde. Ist schon ein Teilweg von W' nicht kürzer als W, dann erst recht nicht W' selbst – im Widerspruch zur Annahme. ☐

Da $S = \{A\}$ die Voraussetzungen des Satzes immer erfüllt, kann durch wiederholte Anwendung des Satzes stets ein kürzester Weg von A nach Z gefunden werden.

Algorithmus zur Suche eines kürzesten Weges von A nach Z (Dijkstra, 1959)

1. Schritt: Markiere A mit (-,0).

2. Schritt: Suche unter den Kanten k, die einen markierten Punkt P mit einem nichtmarkierten Punkt Q verbinden, eine Kante k* = P*Q*, für die $L(P)+l(k)$ minimal ist. L(P) ist dabei die zweite Komponente der Marke von P.
Markiere Q* mit (P*,L(P*)+l(k*)).
Wiederhole diesen Schritt solange wie Z noch nicht markiert ist.

3. Schritt: Verfolge ausgehend von Z anhand der ersten Komponenten der Marken den Weg rückwärts bis A.
S T O P; der gefundene Weg ist ein kürzester.

Es muß gezeigt werden, daß der Algorithmus terminiert, d.h. stets abbricht, und ein kürzester Weg konstruiert wird: Da bei jeder Wiederholung des zweiten Schrittes nur endlich viele Kanten zu inspizieren sind, und da weiterhin mit jedem Durchlauf ein neuer Punkt markiert wird, bricht der Algorithmus stets ab. Schließlich sichert der obige Satz, daß der von $S = \{A\}$ ausgehende Markierungsprozeß kürzeste Wege konstruiert.

Zum Schluß geben wir eine Abschätzung für die Laufzeit des Algorithmus von Dijkstra. Hat der Graph n Punkte und m Kanten, so sind vor jedem Setzen einer Marke maximal m Kanten zu inspizieren, insgesamt also maximal n·m Inspektionen notwendig.

3.2 Netze aufspannen – Minimale Gerüste

Ein Weg, dessen Anfangs – und Endpunkt übereinstimmen, heißt *Kreis*. Ein *Gerüst* eines zusammenhängenden Graphen besteht aus all seinen Punkten, ist kreisfrei und ebenfalls zusammenhängend. Wegen seiner Gestalt nennt man ein Gerüst auch einen den Graphen *aufspannenden Baum*.

Wir betrachten im folgenden zusammenhängende endliche Graphen, deren Kanten mit nichtnegativen Zahlen belegt sind. Die Gesamtsumme der Kantenbelegungen eines Gerüstes nennt man seine *Länge*. Ein Gerüst ist *minimal*, wenn es kein Gerüst kleinerer Länge gibt.

Wir bemerken: Teilnetze minimaler Gerüste sind selbst minimal. Daher liegt es – wie bei den kürzesten Wegen – nahe zu versuchen, minimale Gerüste aus "kleineren" minimalen Gerüsten zu gewinnen.

Algorithmus zur Erzeugung minimaler Gerüste (Prim, 1957)

1. Schritt: Färbe irgendeinen Punkt.

2. Schritt: Suche unter allen Kanten, die von einem gefärbten zu einem nichtgefärbten Punkt führen, eine minimaler Belegung und färbe sie und ihren Eckpunkt.
Wiederhole diesen Schritt solange wie noch ungefärbte Punkte vorhanden sind.

3. Schritt: S T O P; die gefärbten Punkte und Kanten bilden ein Minimalgerüst.

Wir haben zu beweisen, daß der Algorithmus von Prim tatsächlich stets mit einem minimalen Gerüst endet. Daß er abbricht, folgt direkt aus der Endlichkeit des Graphen, denn mit jedem Durchlauf des zweiten Schrittes wird ein Punkt hinzugenommen. Darüber hinaus enthält der nach Abbruch des Algorithmus gefärbte Teilgraph nach Konstruktion *alle* Punkte, ist kreisfrei und zusammenhängend, also ein Gerüst. Es hat, da der Algorithmus bei einem Graphen mit n Punkten nach $(n-1)$-facher Anwendung des zweiten Schrittes abbricht, $(n-1)$ Kanten.

Somit folgt insbesondere, daß jeder endliche Graph Gerüste besitzt; folglich existiert auch ein minimales Gerüst.

Jetzt zeigen wir, daß das von Prims Algorithmus erzeugte Gerüst $\underline{G}$ minimal ist.

$\underline{G}'$ sei ein minimales Gerüst, das möglichst viele Kanten mit $\underline{G}$ gemeinsam hat. Wir zeigen, daß $\underline{G}$ mit $\underline{G}'$ übereinstimmt. Dazu schreiben wir die zu $\underline{G}$ gehörigen Kanten in der Reihenfolge an, in der sie durch den Algorithmus gefärbt wurden:

$$k_1, \, k_2, \, \ldots \, , \, k_n \, .$$

Angenommen, $\underline{G}$ und $\underline{G}'$ stimmen nicht überein. Dann gibt es unter den Kanten von $\underline{G}$ eine erste, sagen wir k_i , die nicht zu $\underline{G}'$ gehört. Diese Kante ist bei der $i-$ten Anwendung des zweiten Schrittes des Algorithmus gefärbt worden:

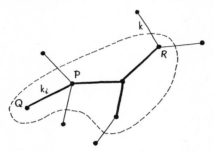

Situation nach dem $i-$ten Durchlauf

Obwohl k_i nicht zum Gerüst $\underline{G}'$ gehört, sind P und Q auch in $\underline{G}'$ durch einen Weg verbunden. Geht man diesen Weg von P nach Q, so muß es einen ersten Punkt R geben, wo der gefärbte Bereich verlassen wird. Die Kante k, die man jetzt betritt, war bei der Konstruktion von $\underline{G}$ während des $i-$ten Durchlaufs des zweiten Schritts auch zur Konkurrenz zugelassen. Da k_i gewählt wurde, ist $l(k)$ nicht kleiner als $l(k_i)$. Wir können daher k aus $\underline{G}'$ herausnehmen und statt dessen k_i in $\underline{G}'$ einfügen, ohne die Minimalität von $\underline{G}'$ zu verletzen. Auch die Gerüsteigenschaft von $\underline{G}'$ geht dadurch nicht verloren. (Denn hätte man zu $\underline{G}'$ k_i hinzugefügt, ohne k herauszunehmen, so enthielte $\underline{G}'$ genau einen Kreis. Die Herausnahme von k macht $\underline{G}'$ also kreisfrei, ohne den Zusammenhang zu zerstören.) Also hatte $\underline{G}'$ mit $\underline{G}$ nicht möglichst viele Kanten gemeinsam. Widerspruch! □

Abschätzung der Laufzeit des Algorithmus: In jedem Durchlauf sind maximal alle m Kanten zu inspizieren. Hat der Graph n Punkte, so ist der Algorithmus $(n-1)-$mal zu durchlaufen; daher sind insgesamt maximal $(n-1) \cdot m$ Inspektionen notwendig.

3.3 Bananen verschiffen – Maximale Flüsse in Transportnetzen

Flüsse und Schnitte

Transportnetze sind endliche Graphen mit gerichteten Kanten, in denen es keine Schleifen und keine gleichgerichteten parallelen Kanten gibt.

Schleife   Parallele Kanten

Zudem sind zwei Punkte ausgezeichnet: der *Anfangspunkt* A und der *Zielpunkt* Z; in A läuft keine Kante hinein, aus Z keine heraus. Schließlich ist jeder Kante k eine nichtnegative ganze Zahl $c(k)$, ihre *Kapazität* zugeordnet.

Ein *Fluß* φ ist eine Funktion, die jeder Kante eine nichtnegative ganze Zahl so zuordnet, daß

FL1: für jede Kante k $\varphi(k) \leqq c(k)$ ist (Kapazitätsbeschränkung) und

FL2: für jeden von A und Z verschiedenen Punkt P der gesamte in ihn hinein-
     fließende Fluß[1] gleich dem gesamten aus ihm herausfließenden Fluß ist
     (Erhaltungsbedingung).

Eine Kante k heißt *gesättigt*, wenn $\varphi(k) = c(k)$ ist.

Unter dem Wert $|\varphi|$ eines Flusses φ versteht man den gesamten aus A heraus—fließenden Fluß. Er ist wegen der Erhaltungsbedingung FL2 gleich dem in Z hineinfließenden Fluß (s. Aufgabe 6 zu 3.3). Ordnet man jeder Kante eines Netzes den Wert Null zu, so sind die beiden Flußbedingungen sicher erfüllt. Daher gibt es zu jedem Transportnetz wenigstens einen Fluß, den *Nullfluß*. Ein Fluß heißt *maximal*, wenn es keinen Fluß mit einem größeren Wert gibt. Im allgemeinen gibt es in einem Netz nicht nur einen maximalen Fluß[2].

Für den Wert eines maximalen Flusses läßt sich eine allgemeine Schranke angeben. Man denke sich die Menge T der Punkte des Transportnetzes in eine Menge S und ihre Komplementmenge $\overline{S}$ $(T = S \cup \overline{S})$ mit $A \in S$ und $Z \in \overline{S}$ zerlegt.

---

1) Das ist die Summe der $\varphi(k)$ für alle Kanten k, die in P hineinlaufen.
2) Aber jedenfalls gibt es mindestens einen solchen, weil das Netz und alle Kapazitäten endlich sind.

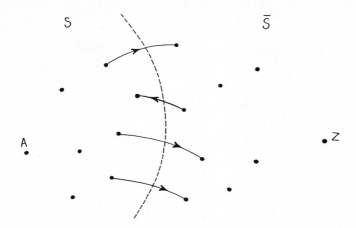

Zum Schnitt $(S,\bar{S})$ gehören nur die nach Z weisenden Kanten.

Die Gesamtheit der Kanten mit Anfangspunkt P in S und Endpunkt Q in $\bar{S}$ heißt *Schnitt* und wird mit $(S,\bar{S})$ bezeichnet. Entsprechend steht $(\bar{S},S)$ für die Menge der Kanten $k = PQ$ mit $P \in \bar{S}$ und $Q \in S$. Die Summe der Kapazitäten aller Kanten eines Schnittes $(S,\bar{S})$ nennt man seine *Kapazität* $c\ (S,\bar{S})$.

Satz 1: Der Wert eines beliebigen Flusses φ kann die Kapazität keines Schnittes übersteigen:

$$|\varphi| \leqq c\ (S,\bar{S}) \quad \text{für jedes S.}$$

Er ist genau dann gleich $c\ (S,\bar{S})$, wenn sämtliche Kanten von $(S,\bar{S})$ gesättigt sind und der Fluß auf allen Kanten von $(\bar{S},S)$ gleich Null ist.

Beweis: $|\varphi|$, der Wert des Flusses φ, ist die Summe all dessen, was in Z ankommt. Da jeder Schnitt $(S,\bar{S})$ A von Z trennt, kann nach Z nur das gelangen, was zuvor durch die Kanten von $(S,\bar{S})$ geflossen ist. Daher ist $|\varphi|$ durch $c\ (S,\bar{S})$ nach oben beschränkt.

Die Summe all dessen, was in Z ankommt, erhält man, indem man von dem, was von S nach $\bar{S}$ fließt, das subtrahiert, was von $\bar{S}$ zurück nach S fließt. Damit ist der zweite Teil des Satzes bewiesen.   □

Satz 1 besagt, daß $|\varphi|$ nicht größer gemacht werden kann, als es die Kapazität eines beliebigen Schnittes zuläßt. Ist daher $|\varphi|$ *gleich* $c\ (S,\bar{S})$ für irgendeinen Schnitt $(S,\bar{S})$, so ist φ bereits maximal! Entsprechend sieht man, daß ein Schnitt $(S,\bar{S})$, für den $c\ (S,\bar{S}) = |\varphi|$ ist, minimale Kapazität hat (kurz: minimal ist).

Der Satz von Ford und Fulkerson

Ist W ein Weg von P nach Q, so heißt das Minimum $\hat{c}$ (W) aller Beträge, um die sich der Fluß längs Vorwärtskanten von W vergrößern und längs Rückwärtskanten verkleinern läßt, *freie Kapazität* von W. ($\hat{c}$ (W) hängt vom Fluß φ ab!)

Weg W von P nach Q   Vorwärtskanten von W   Rückwärtskanten von W

Satz 2: φ *ist genau dann maximal, wenn es keinen Weg W von A nach Z gibt, dessen freie Kapazität* $\hat{c}$ *(W) > 0 ist.*

Beweis: W sei ein Weg von A nach Z, dessen freie Kapazität $\hat{c}$ (W) > 0 ist. Dann läßt sich φ vergrößern: Auf den Vorwärtskanten von W wird $\varphi(k)$ um $\hat{c}$ (W) vergrößert, auf den Rückwärtskanten um $\hat{c}$ (W) verkleinert; auf allen anderen Kanten des Netzes läßt man den Fluß unverändert. Die so erhaltene Funktion $\hat{\varphi}$ ist ein Fluß (der *revidierte Fluß*), denn: Längs W wird die Summe all dessen, was in einen Punkt P hineinfließt, um denselben Betrag geändert (um $\hat{c}$ (W) oder 0), wie die Summe all dessen, was aus P herausfließt. FL2 ist also erfüllt. Die Kapazitätsbeschränkung FL1 für $\hat{\varphi}$ wird dabei nicht verletzt nach Definition von $\hat{c}$ (W). Außerdem ist wegen $|\hat{\varphi}|$ = $|\varphi|$ + $\hat{c}$ (W) und $\hat{c}$ (W) > 0 der Wert von $\hat{\varphi}$ größer als der von φ . Ist also φ maximal, so kann es keinen Weg W von A nach Z geben, dessen freie Kapazität $\hat{c}$ (W) positiv ist.

Gibt es nun andererseits keinen Weg W von A nach Z, dessen freie Kapazität $\hat{c}$ (W) > 0 ist, so läßt sich ein Schnitt $(S,\overline{S})$ konstruieren, dessen Kapazität c $(S,\overline{S})$ gleich $|\varphi|$ ist: S enthalte neben A alle Punkte des Transportnetzes, die von A über einen Weg erreichbar sind, dessen freie Kapazität positiv ist. Dann gehört A zu S, nicht aber Z. $(S,\overline{S})$ ist daher ein Schnitt.

Zudem ist jede Kante k = PQ aus $(S,\overline{S})$ gesättigt; wäre sie es nicht, ließe sich der Weg von A nach P bis Q verlängern und seine freie Kapazität bliebe positiv. Q würde somit zu S gehören, was nicht sein kann. Auch ist der Fluß auf jeder Kante aus $(S,\overline{S})$ gleich null, wie man entsprechend einsieht. Daher ist wegen Satz 1 in der Tat c $(S,\overline{S})$ = $|\varphi|$ und damit φ maximal.   □

Zugleich ist bewiesen: Ist φ maximal, so läßt sich stets ein Schnitt $(S,\overline{S})$ konstruieren, für den c $(S,\overline{S})$ = $|\varphi|$ ist und der deswegen minimal ist. Somit gilt der fundamentale

Satz vom maximalen Fluß und minimalen Schnitt (Ford/Fulkerson, 1956): *In einem Transportnetz ist der Wert eines maximalen Flusses gleich der Kapazität eines minimalen Schnittes.*

Das Verfahren, mit dem der minimale Schnitt $(S, \overline{S})$ zu einem maximalen Fluß φ im Beweis dieses Satzes konstruiert wurde, läßt sich zur Konstruktion eines maximalen Flusses verwenden.

Der Algorithmus von Ford und Fulkerson

Ein Punkt Q heißt *von P vorwärts markierbar*, wenn
(1) Q nicht markiert ist,
(2) Q von P direkt erreichbar ist $(P \longrightarrow Q)$ und
(3) die Kante von P nach Q nicht gesättigt ist.

Q heißt *von P rückwärts markierbar*, wenn
(1) Q nicht markiert ist,
(2) P von Q direkt erreichbar ist $(P \longleftarrow Q)$ und
(3) der Fluß von Q nach P größer als null ist.

Schließlich heißt ein Punkt Q *markierbar*, wenn er von A aus vorwärts markierbar ist, oder wenn es einen schon markierten Punkt gibt, von dem aus Q vorwärts oder rückwärts markierbar ist.

Algorithmus zur Suche eines maximalen Flusses (oder minimalen Schnittes)
(Ford/Fulkerson, 1957):

1. Schritt: Belege das Transportnetz mit dem Nullfluß φ .

2. Schritt: Suche einen markierbaren Punkt Q.

3. Schritt: Gibt es keinen solchen Punkt Q, dann ist φ maximal; S T O P.

4. Schritt: Läßt sich Q von P aus vorwärts markieren, dann gib Q die Marke $(P\rightarrow, c(k) - \varphi(k))$ mit k = PQ. Läßt sich Q von P aus rückwärts markieren, dann gib Q die Marke $(P\leftarrow, \varphi(k))$ mit k = QP.

5. Schritt: Ist Z markiert, läßt sich φ vergrößern; gehe zum 6. Schritt. Andernfalls gehe zurück zum 2. Schritt.

6. Schritt: Verfolge die gesetzten Marken von Z bis A zurück. Bestimme die freie Kapazität $\hat{c}$ (W) des so gefundenen Weges W. Bestimme den revidierten Fluß $\hat{\varphi}$ und nenne ihn φ .

7. Schritt: Lösche alle Marken und gehe zurück zum 2. Schritt.

Für den *Beweis*, daß der Algorithmus das Gewünschte leistet, ist zu zeigen, daß er stets einen Fluß erzeugt, nach endlich vielen Schritten stoppt und der so gefundene Fluß φ maximal ist. Wir wissen bereits, daß der Übergang von einem Fluß φ zum Fluß $\hat{\varphi}$ (6. Schritt) mit den Flußbedingungen FL1 und FL2 verträglich ist, $\hat{\varphi}$ daher wieder ein Fluß ist. Da im ersten Schritt das Transportnetz mit einem Fluß, dem Nullfluß, belegt wird, erzeugt der Algorithmus stets aus Flüssen neue Flüsse.

Jedesmal, wenn die Marke Z erreicht wird, wird der Wert des vorhandenen Flusses um wenigstens 1 erhöht, da $\hat{c}$ (W) ganzzahlig und positiv ist. Da der Wert des Flusses nicht unbegrenzt gesteigert werden kann (Satz 1), wird Z nur endlich viele Male erreicht. Schließlich besteht auch jeder Markierungsprozeß aus endlich vielen Schritten; denn jeder Punkt wird während eines Durchlaufs höchstens einmal markiert, und es gibt nur endlich viele Punkte. Der Algorithmus stoppt daher stets nach endlich vielen Schritten.

Der Algorithmus stoppt nur dann, wenn kein Punkt mehr markierbar ist (3. Schritt). Ist S dann die Menge der markierten Punkte einschließlich A, so ist $(S,\bar{S})$ ein Schnitt. Sämtliche Kanten von $(S,\bar{S})$ sind dann gesättigt und der Fluß auf allen Kanten aus $(S,\bar{S})$ null, da andernfalls ein weiterer Punkt markierbar wäre. Daher ist nach Satz 1 $|\varphi|$ gleich c $(S,\bar{S})$ und φ also maximal.   □

Abschätzung der Laufzeit des Algorithmus: Beim Setzen der Marken wird jeder Punkt höchstens einmal markiert. Es sind daher pro Durchlauf höchstens so viele Inspektionen vorzunehmen, wie es Punkte gibt, also höchstens n bei n Punkten. Die Anzahl der Durchläufe ist von der Kapazität der Kanten abhängig (s. Aufgabenteil zu 3.3).

Lösungen

Kapitel 1
Abschnitt 1.1 (Bananenkisten und Teileranzahlen)

1.a) Die Primfaktorzerlegung einer Quadratzahl enthält nur gerade Exponenten. Die Teileranzahl ist daher als Produkt lauter ungerader Zahlen ungerade. Für jede andere Zahl besitzt die Primfaktorzerlegung wenigstens einen ungeraden Exponenten. Die Teileranzahl ist dann aber gerade. – **b)** Es sind die Zahlen, die zwei Teiler haben, also genau die Primzahlen. Zusammenhang zur Teileranzahlformel: Bezeichnet $A(n)$ die Anzahl der Teiler der natürlichen Zahl n, so gilt für $n = p^1$ (p prim) $A(n) = 1+1 = 2$. Wegen der Eindeutigkeit der Primfaktorzerlegung haben nur die Primzahlen zwei Teiler. – Die Zahlen mit drei Teilern sind gerade die Primzahlquadrate, denn für $n = p^2$ ist $A(n) = 2+1 = 3$ und umgekehrt. – Die Zahlen mit acht Teilern sind von der Form $n = p_1 \cdot p_2 \cdot p_3$ oder $n = p_1 \cdot p_2^3$ oder $n = p^7$, da $8 = 2 \cdot 2 \cdot 2 = 2 \cdot 4 = 1 \cdot 8$ ist.

2. Den vier möglichen Produktdarstellungen der Zahl 12 entsprechen die vier Primfaktorzerlegungen der gesuchten natürlichen Zahlen: $A(n) = 1 \cdot 12$, $n = p^{11}$; $A(n) = 2 \cdot 6$, $n = p_1^1 \cdot p_2^5$; $A(n) = 3 \cdot 4$, $n = p_1^2 \cdot p_2^3$; $A(n) = 2 \cdot 2 \cdot 3$, $n = p_1^1 \cdot p_2^1 \cdot p_3^2$.

3. $10^9 = (2 \cdot 5)^9 = 2^9 \cdot 5^9$, daher $A(10^9) = 10 \cdot 10 = 100$.

4.a) Da die einzelnen Gänge unabhängig voneinander gewählt werden, gibt es $3 \cdot 2 \cdot 4 \cdot 3$, also 72 4-Gang-Menüs. – **b)** Ohne Nachtisch hat er $3 \cdot 2 \cdot 4 = 24$ Wahlmöglichkeiten, daher entgehen ihm $72-24 = 48$ (!) Menüs. – **c)** $4 \cdot 3 + 4 \cdot 2 + 4 \cdot 3 = 4 \cdot (3+2+3) = 32$ Menüs.

5.a) Auf $2 \cdot 5 \cdot 3 = 30$ verschiedene Arten. – **b)** Jeder Hinweg ist mit jedem Rückweg zu kombinieren, daher gibt es $30 \cdot 30 = 900$ Rundreisen, wenn Straßen auch zweimal befahren werden dürfen. Anderenfalls gibt es $2 \cdot 5 \cdot 3 \cdot 2 \cdot 4 \cdot 1 = 240$ Rundreisen.

6.a) Wir setzen die Türme spaltenweise. Für den ersten Turm hat man dann 8 Setzmöglichkeiten, für den zweiten noch 7, für den dritten noch 6, ..., und für den letzten und achten Turm schließlich nur noch 1 Möglichkeit. Insgesamt gibt es daher $8 \cdot 7 \cdot 6 \cdot 5 \cdot 4 \cdot 3 \cdot 2 \cdot 1 = 40\ 320$ verschiedene Aufstellungen. –
b) Wieder denke man sich die Türme spaltenweise gesetzt. Für den ersten Turm hat man wie zuvor 8 Möglichkeiten; die Stellung des zweiten ist damit festgelegt. Für den dritten Turm hat man dann 6 Möglichkeiten, für den vierten eine usw. Insgesamt gibt es daher $8 \cdot 6 \cdot 4 \cdot 2 = 384$ symmetrische Aufstellungen.

7. Es gibt $26 \cdot 9 \cdot 10 \cdot 10 = 23\ 400$ Kennzeichen mit 1 Buchstaben (aus 26) und dreiziffriger Nummer (erste Ziffer nicht Null) und $26 \cdot 26 \cdot 9 \cdot 10 \cdot 10 = 608\ 400$ Kennzeichen mit 2 Buchstaben und dreiziffriger Nummer. Damit gibt es insgesamt $23\ 400 + 608\ 400 = 631\ 800$ Kennzeichen.

8.a) Es sind soviele Läufer wie es schwarze Diagonalen gibt, also 7. –
b) Wir setzen die Läufer diagonalenweise, beginnend mit der Diagonalen links oben (s.Bild). Für den ersten Läufer gibt es dann 2 Setzmöglichkeiten, für den Läufer in der Diagonalen unten rechts dann nur noch eine. Fährt man so fort, so erhält man insgesamt $2 \cdot 1 \cdot 2 \cdot 1 \cdot 2 \cdot 1 \cdot 2 = 2^4 = 16$ Aufstellungen.

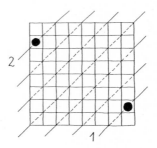

c) Da die "weißen" Läufer unabhängig von den "schwarzen" gesetzt werden können und für sie ebensoviele Möglichkeiten bestehen, gibt es insgesamt $16 \cdot 16 = 256$ Aufstellungen.

9. Es gibt $3 \cdot 3 \cdot \ \ldots \ \cdot 3 = 3^{11} = 177\ 147$ mögliche Wetten, daher müssen 3^{11} Tippreihen ausgefüllt werden.

10. Da jeder der 60 000 Speicherplätze unabhängig von den anderen belegt werden kann, gibt es $2^{60\ 000}$ Belegungen. – Abschätzung der Größenordnung: Wegen $2^{60\ 000} = 2^{4 \cdot 15\ 000} = (2^4)^{15\ 000} = 16^{15\ 000}$ bzw. $2^{60\ 000} = 2^{3 \cdot 20\ 000} = (2^3)^{20\ 000} = 8^{20\ 000}$ gilt: $10^{15\ 000} < 2^{60\ 000} < 10^{20\ 000}$. $2^{60\ 000}$ besitzt daher zwischen 15 000 und 20 000 Stellen – eine unvorstellbar große Zahl!

11. 10^6 verschiedene Schlüssel sind möglich.

12.a) 2^{960}. – **b)** 12^{80}.

13.a) Erste Lösung: Von der Anzahl 999 999 aller Zahlen mit 6 und weniger Stellen ist die Anzahl 99 999 aller Zahlen mit 5 und weniger Stellen abzuziehen, daher gibt es 900 000 6-stellige Zahlen. – Zweite Lösung: Es gibt $9 \cdot 10 \cdot 10 \cdot 10 \cdot 10 \cdot 10 = 9 \cdot 10^5 = 900\ 000$ 6-stellige Zahlen. In $9^6 = 531\ 441$ 6-stelligen Zahlen kommt die Null nicht vor. – **b)** Die Anzahl der Wahlmöglichkeiten reduziert sich nach gewählter erster Ziffer für die zweite auf 8, für die dritte auf 7 usw. Insgesamt gibt es daher $9 \cdot 8 \cdot 7 \cdot 6 \cdot 5 \cdot 4 = 60\ 480$ 6-stellige Zahlen mit verschiedenen Ziffern ohne die Null. – **c)** Wie unter b) überlegt man sich, daß es $6 \cdot 5 \cdot 4 \cdot 3 \cdot 2 \cdot 1 = 6! = 720$ solcher Zahlen gibt.

14.a) Es gibt $6! = 720$ Anordnungen (vgl. 13.c). – **b)** Es gibt $6^4 = 1\ 296$ solcher Wörter. – **c)** In $6 \cdot 5 \cdot 4 \cdot 3 = 360$ Wörtern kommt jeder Buchstabe höchstens einmal vor, also in $1\ 296 - 360 = 936$ Wörtern kommen Buchstaben mehrfach vor. – **d)** $26^6 = 308\ 915\ 776$.

15. Die erste Karte kann 32 Plätze, die zweite 31, ..., die letzte nur noch 1 Platz im Kartenspiel einnehmen. Insgesamt gibt es daher 32!, das sind mehr als 10^{35} verschiedene Mischungsergebnisse.

16. Geben wir dem leeren Feld die Nummer 16, so sind 16 Quadrate mit den Zahlen 1 bis 16 zu belegen. Dies ist auf 16! = 20 922 789 888 000, mehr als 20 Billionen Arten möglich. Daß tatsächlich nur die Hälfte der 16! denkbaren Ausgangsstellungen in die natürliche Reihenfolge gebracht werden kann, liegt jenseits der Produktregel und soll hier keine Rolle spielen.

17. Es gibt im Falle **a)** $n(n-1)\cdot \ldots \cdot(n-(k-1)) = n(n-1)\cdot \ldots \cdot(n-k+1)$ und im Falle **b)** $n\cdot n\cdot \ldots \cdot n = n^k$ mögliche Ziehungsergebnisse.

Abschnitt 1.2 (Die nächste Melodie bitte!)

1. 46351278.

2.

1234	1324	3124	2134	2314	3214
1243	1342	3142	2143	2341	3241
1423	1432	3412	2413	2431	3421
4123	4132	4312	4213	4231	4321

3. $N_8(87342156) = 37016$; der Nachfolger ist 34216578.

4. 87621435.

5.a) 2134. – **b)** 361245. – **c)** 86712534. –

d) Rekursiver Algorithmus zur Bestimmung der n-Ton-Melodie zu gegebener Stellennummer:

1. Schritt: Ist n = 1, so ist, falls die Stellennummer Eins ist, 1 die gesuchte Melodie; S T O P.

2. Schritt: Schreibe die Stellennummer in der Form $a\cdot n + b$ mit $1 \leq b \leq n$. b ist dann die Platznummer des Tones n in der gesuchten n-Ton-Melodie, a + 1 die Stellennummer der Melodie ohne den Ton n in der Liste L_{n-1}.

3. Schritt: Bestimme die (n-1)-Ton-Melodie zur Stellennummer a + 1.

6. L_4 enthält 4! = 24 Melodien, und zur Stelle Nummer 12 gehört die Melodie 4312. Zur Stelle $\frac{1}{6}\cdot 6! = 360$ gehört 654312, zu $\frac{1}{2}\cdot 8! = 20\ 160$ gehört 87654312.

Die Melodie, die am Ende der ersten Halbzeit in L_n gespielt wird, ist n(n-1)(n-2) ... 4312.

7. Bei Lesart ① ergibt sich für L_4:

→ 1234 — 2134 — 1324 — 2314 — 3124 — 3214

1243 — 2143 → ....

1423   ....

4123   ....

L_n enthält n Zeilen zu je (n-1)! Melodien. – Am Ende der ersten Hälfte steht in L_4 3241, in L_6 543621 und in L_8 76548321. – Allgemeiner Fall: Falls n gerade ist, füge in die (n-1)-Ton-Melodie (n-1)(n-2) ... 4321 den Ton n zwischen den Plätzen mit den Nummern $\frac{n}{2} - 1$ und $\frac{n}{2}$ ein. Ist n ungerade, so bestimme man in L_{n-1} die am Ende der ersten Hälfte stehende Melodie und füge den Ton n zwischen den Plätzen mit den Nummern $\frac{n+1}{2} - 1$ und $\frac{n+1}{2}$ ein.

Abschnitt 1.3 (Lotto spielen und Verwandtes)

1.a) Denkt man sich *irgendeines* der n Felder des Lottoscheins ausgezeichnet, so lassen sich k Felder ankreuzen, indem man entweder das ausgezeichnete Feld und (k-1) der übrigen Felder ankreuzt (Anzahl der Möglichkeiten = L(k-1,n-1)) oder alle k Kreuze auf dem Schein ohne das ausgezeichnete Feld macht (Anzahl der Möglichkeiten = L(k,n-1)). Nach der Summenregel ist daher L(k,n) = L(k-1,n-1) + L(k,n-1). - **b)** L(7,9) = 36; L(5,11) = 462.

2.a) k Felder auf einem n-Schein anzukreuzen ist gleichbedeutend damit, die (n-k) Felder anzugeben, die nicht angekreuzt werden. - **b)** Analog. - **c)** W(k,n) = W(n,k). Dies gilt aus Symmetriegründen.

3.a) Das Produkt $n \cdot (n-1) \cdot \ldots \cdot (n-k+1)$ entsteht dadurch, daß man jedes k-Eck (k!)-fach zählt. Also ist nach der Produktregel $A(k,n) \cdot k! = n \cdot (n-1) \cdot \ldots \cdot (n-k+1)$ - **b)** Analog.

4. Bezeichnen wir die gesuchte Anzahl mit B(3,7), so gilt offensichtlich B(3,7) = B(2,6) + B(3,6). Also haben die Bauernzahlen dasselbe Rekursionsmuster wie die Pascalzahlen. Da auch die Randbedingungen übereinstimmen, gilt $B(k,n) = \binom{n}{k}$. - Zweiter Lösungsweg: Man lasse den Bauern einen *3 aus 7*-Lottoschein ausfüllen. Er macht immer dann ein Kreuz, wenn er nach rechts schlägt.

5.a) Die Kugel muß auf ihrem Weg durch die 9 Nagelreihen genau dreimal nach rechts (bzw. genau sechsmal nach links) abgelenkt werden, d.h. jeder zulässige Weg entspricht einem ausgefüllten *3 aus 9*-Lottoschein ($\binom{9}{3}$ = 168 Wege).

b) Die Kugel wird bei jeder Nagelreihe entweder nach links oder nach rechts abgelenkt, insgesamt 9 mal, daher gibt es nach der Produktregel insgesamt 2^9 Wege. - **c)** Jede Kugel kann man sich als einen fortlaufend schlagenden Bauern vorstellen (Aufgabe 4). Zum Behälter mit der Nummer k gibt es $\binom{9}{k}$ Wege.

6. $\binom{2\,400}{2}$ = 2 878 800.

7. $\binom{38}{7} \approx \binom{49}{6}$ mit einem sehr kleinen Fehler

8.a) Auf $\binom{14}{7}$ = $\frac{14 \cdot 13 \cdot 12 \cdot 11 \cdot 10 \cdot 9 \cdot 8}{1 \cdot 2 \cdot 3 \cdot 4 \cdot 5 \cdot 6 \cdot 7}$ = 3 432 Arten. -

b) Auf $\binom{8}{4} \cdot \binom{6}{3}$ = 70 Arten.

9. 2 von 4 Buben lassen sich auf $\binom{4}{2}$ Arten auswählen, die restlichen 8 der 10 Karten einer Hand lassen sich aus 28 Karten, die keine Buben sind, auf $\binom{28}{8}$ Arten verteilen. Daher gibt es $\binom{4}{2} \cdot \binom{28}{8}$ = 18 648 630 Blätter mit genau 2 Buben.

10. Auf $W(4,4) \cdot W(4,4) = \binom{8}{4}^2$ = 4 900 Wegen.

11.a) Von $(0,0)$ nach $(2,5)$ gibt es $W(2,5)$ Wege und von $(2,5)$ nach $(7,7)$ $W(7-2,7-5) = W(5,2)$ Wege. Insgesamt daher $W(2,5) \cdot W(5,2) = \binom{7}{2} \cdot \binom{7}{5} = \binom{7}{2}^2 =$ 21^2 = 441. - **b)** Nach der Summenregel ist $W(7,7)$ = $W(0,7) \cdot W(7,0)$ + $W(1,6) \cdot W(6,1)$ + $W(2,5) \cdot W(5,2)$ + $W(3,4) \cdot W(4,3)$ + $W(4,3) \cdot W(3,4)$ + $W(5,2) \cdot$ $\cdot W(2,5)$ + $W(6,1) \cdot W(1,6)$ + $W(7,0) \cdot W(0,7)$. - **c)** $\binom{14}{7}$ = $\binom{7}{0} \cdot \binom{7}{7}$ + $\binom{7}{1} \cdot \binom{7}{6}$ + $\cdots$ + $\binom{7}{6} \cdot \binom{7}{1}$ + $\binom{7}{7} \cdot \binom{7}{0}$ = $\binom{7}{0}^2$ + $\binom{7}{1}^2$ + $\cdots$ + $\binom{7}{6}^2$ + $\binom{7}{7}^2$. - Allgemein gilt: $\binom{2n}{n}$ = $\binom{n}{0}^2$ + $\binom{n}{1}^2$ + $\cdots$ + $\binom{n}{n-1}^2$ + $\binom{n}{n}^2$.

12. Entweder werden kein Mann und n Frauen oder 1 Mann und n-1 Frauen oder ... oder n Männer und keine Frau in den Ausschuß gewählt. Nach Produkt- und Summenregel gilt daher $\binom{n}{0}\binom{n}{n}$ + $\binom{n}{1}\binom{n}{n-1}$ + $\cdots$ + $\binom{n}{n}\binom{n}{0}$ = $\binom{2n}{n}$. Wegen $\binom{n}{k}$ = $\binom{n}{n-k}$ folgt die Behauptung.

13. Nach der Produktregel ist das Ergebnis für **a)** $\binom{6}{3}\binom{43}{3}$ = 246 820, - **b)** $\binom{6}{4}\binom{43}{2}$ = 13 545, - **c)** $\binom{6}{5}\binom{43}{1}$ = 258, - **d)** $\binom{6}{5}\binom{1}{1}$ = 6.

14.a) $L(6,49) = R(0) + R(1) + R(2) + R(3) + R(4) + R(5) + R(6)$. -
b) $R(0) = \binom{6}{0} \cdot \binom{43}{6}$, $R(1) = \binom{6}{1} \cdot \binom{43}{5}$, $R(2) = \binom{6}{2} \cdot \binom{43}{4}$, $R(3) = \binom{6}{3} \cdot \binom{43}{3}$, $R(4) = \binom{6}{4} \cdot \binom{43}{2}$, $R(5) = \binom{6}{5} \cdot \binom{43}{1}$, $R(6) = \binom{6}{6} \cdot \binom{43}{0}$; also ist $\binom{49}{6}$ = $\binom{6}{0} \cdot \binom{43}{6}$ + $\binom{6}{1} \cdot \binom{43}{5}$ + $\binom{6}{2} \cdot \binom{43}{4}$ + $\cdots$ + $\binom{6}{6} \cdot \binom{43}{0}$ oder verallgemeinert $\binom{n}{k}$ = $\binom{k}{0} \cdot \binom{n-k}{k}$ + $\binom{k}{1} \cdot \binom{n-k}{k-1}$ + $\binom{k}{2} \cdot \binom{n-k}{k-2}$ + $\cdots$ + $\binom{k}{k-1} \cdot \binom{n-k}{1}$ + $\binom{k}{k} \cdot \binom{n-k}{0}$.

15.a) Die Summe zweier Zahlen ist gerade, wenn beide Summanden entweder gerade oder ungerade sind. Für jeden Fall gibt es $\binom{50}{2}$ Auswahlmöglichkeiten, also insgesamt $2 \cdot \binom{50}{2}$ = 2 450. - Ungerade ist die Summe nur dann, wenn die eine Zahl gerade und die andere ungerade ist. Daher gibt es dafür $50 \cdot 50 =$ 2 500 Möglichkeiten. - **b)** Wir zerlegen die 2n-elementige Menge in zwei Teilmengen zu je n Elementen. Die Wahl von zwei Elementen aus der 2n-elementigen Menge ist nun auf zwei Weisen möglich: Entweder werden beide Elemente aus einer der beiden Teilmengen gewählt oder jedes Element aus verschiedenen. Für den ersten Weg gibt es $\binom{n}{2} + \binom{n}{2}$ und für den zweiten $n \cdot n$ Möglichkeiten. Nach der Summenregel ist daher $\binom{2n}{2} = 2\binom{n}{2} + n^2$. -

c) Es ist $2\binom{n}{2} + n^2 = 2\,\frac{n(n-1)}{2} + n^2 = 2n^2 - n = \frac{2n(2n-1)}{2} = \binom{2n}{2}$.

16.a) Der Summand $a^{10}b^{20}$ tritt so häufig auf, wie es möglich ist, aus den dreißig Faktoren $(a+b)$ zwanzigmal die Zahl b (und damit zehnmal die Zahl a) auszuwählen. Dies ist auf $\binom{30}{20}$ Weisen möglich. (Die Erstwahl von a führt auf $\binom{30}{10} = \binom{30}{20}$). - **b)** $\binom{n}{k}$-mal (oder $\binom{n}{n-k}$-mal). - **d)** Das Ausmultiplizieren ist ein Entscheidungsprozess mit n Schritten, wobei man sich in jedem Schritt zwischen a und b entscheiden kann. Daher gibt es 2^n Summanden. Nach dem Ergebnis aus c) gibt es $\binom{n}{0} + \binom{n}{1} + \ldots + \binom{n}{n}$ Summanden. (Dies folgt auch unmittelbar aus c) mit a = b = 1.) - **e)** Setze in c) a=1, b=-1. (Für ungerades n sieht man es direkt, weil sich die Summanden wegen $\binom{n}{k} = \binom{n}{n-k}$ paarweise aufheben.)

17. Für $k \leqq n$ ist $\binom{k}{k} + \binom{k+1}{k} + \ldots + \binom{n}{k} = \binom{n+1}{k+1}$. Denn es ist $\binom{n+1}{k+1} =$ $\binom{n}{k} + \binom{n}{k+1} = \binom{n}{k} + \binom{n-1}{k} + \binom{n-1}{k+1} = \ldots = \binom{n}{k} + \binom{n-1}{k} + \ldots + \binom{k}{k}$ $(k \leqq n)$.

18. Multipliziert man die erste Zahl der m-ten Zeile mit der ersten Zahl der n-ten Zeile, die zweite Zahl der m-ten Zeile mit der zweiten Zahl der n-ten Zeile usw., so erhält man diejenige Zahl, die im Pascalschen Dreieck in der (m+n)-ten Zeile an der (n+1)-ten Stelle steht. - Beweis: Um n Elemente aus der Menge $\{a_1, a_2, \ldots, a_m, b_1, b_2, \ldots, b_n\}$ $(n \leqq m)$ auszuwählen, kann man entweder keines der a_i und alle b_i oder eines der a_i und (n-1) der b_i usw. auswählen. Daher ist: $\binom{m+n}{n} = \binom{m}{0} \cdot \binom{n}{n} + \binom{m}{1} \cdot \binom{n}{n-1} + \ldots + \binom{m}{n} \cdot \binom{n}{0}$. Wegen der Symmetrie der Pascalzahlen folgt die Behauptung.

19.a) Für jedes Feld gilt die Alternative schwarz oder weiß. Daher gibt es insgesamt $2^{16} = 65\,536$ Möglichkeiten. - **b)** Auf $\binom{16}{2} \cdot \binom{14}{4} = 120\,120$ Arten.

20.a) $\binom{n}{k} = \frac{n!}{k!\,(n-k)!} = \frac{n-k+1}{k}\,\frac{n!}{(k-1)!\,(n-k+1)!} = \frac{n-k+1}{k}\,\binom{n}{k-1}$. - Folglich gilt $\binom{n}{k} > \binom{n}{k-1}$ für n-k+1 > k, d.h. für $k < \frac{n}{2} + \frac{1}{2}$, und $\binom{n}{k} < \binom{n}{k-1}$ für n-k+1 < k, d.h. für $k > \frac{n}{2} + \frac{1}{2}$. Also steigt $\binom{n}{k}$ bis zum Maximalwert $\binom{n}{n/2}$. -

b) $\dbinom{n}{\tfrac{n}{2}} = \dfrac{n!}{\left(\tfrac{n}{2}\right)!\left(\tfrac{n}{2}\right)!} \approx \dfrac{\sqrt{2\pi n}\cdot\left(\tfrac{n}{e}\right)^n}{\left[\sqrt{2\pi}\left(\tfrac{n}{2}\right)\cdot\left(\tfrac{n}{2e}\right)^{n/2}\right]^2} = \dfrac{2^{n+1}}{\sqrt{2\pi n}}\,.$

21.a) Man denke sich die k Karten auf einer langen Kartenrolle aneinanderge-reiht. Das Kartenband muß in n Teile zerlegt, d.h. an (n-1) Stellen getrennt werden. Da ein aus k Karten bestehendes Band an (k-1) Stellen perforiert ist, läßt sich das Band auf so viele Weisen in n Stücke zerlegen, wie es Möglichkeiten gibt, von den (k-1) Perforationen (n-1) auszuwählen, also $\dbinom{k-1}{n-1}$. - **b)** Man leihe sich n Karten und verteile die (k+n) Karten unter den n Kindern, so daß jedes Kind wenigstens eine erhält. Anschließend erbitte man von jedem Kind eine Karte und gebe die geliehenen n Karten zurück. Nach a) ist nun die gesuchte Anzahl $\dbinom{k+n-1}{n-1} = \dbinom{k+n-1}{k}$.

22. Das erste Paar läßt sich aus den 2n Personen auf $\dbinom{2n}{2}$ Arten auswählen, das zweite aus den verbleibenden 2n - 2 Personen auf $\dbinom{2n-2}{2}$ Arten, ..., das letzte auf $\dbinom{2}{2} = 1$ Art. Da es auf die Reihenfolge der Wahl der n Paare nicht ankommt, ist das Produkt $\dbinom{2n}{2}\cdot\dbinom{2n-2}{2}\cdot\ \ldots\ \cdot\dbinom{6}{2}\cdot\dbinom{4}{2}\cdot\dbinom{2}{2}$ durch n! zu teilen. Das Ergebnis ist daher $\dfrac{1}{n!}\cdot\dfrac{2n(2n-1)}{2}\cdot\dfrac{(2n-2)(2n-3)}{2}\cdot\ \ldots\ \cdot\dfrac{6\cdot5}{2}\cdot\dfrac{4\cdot3}{2}\cdot\dfrac{2\cdot1}{2} = \dfrac{(2n)!}{n!2^n}.$

23.a) Die Anzahl möglicher Kollisionen ist gleich der Anzahl der Möglich-keiten, 4 der n Straßen auszuwählen, also $\dbinom{n}{4}$. - **b)** Zunächst vervierfacht sich die Anzahl der Kollisionen in der Mitte zu $4\cdot\dbinom{n}{4}$. Zusätzlich sind dort, wo eine Straße in den Kreuzungsbereich mündet, 1 + 2 + 3 + ... + (n-2) Kollisionen möglich, insgesamt also $4\dbinom{n}{4} + n[1 + 2 + 3 + \ldots + (n-2)]$. -

c) $4\dbinom{n}{4} + n[1 + 2 + 3 + \ldots + (n-2)] = 4\dbinom{n}{4} + n\ \dfrac{(n-2)(n-1)}{2} =$

$= 4\ \dfrac{n(n-1)(n-2)(n-3)}{4!} + \dfrac{n(n-2)(n-1)}{2} = \dfrac{n(n-1)(n-2)(n-3)}{3!} + \dfrac{3n(n-1)(n-2)}{3!} =$

$= \dfrac{n(n-1)(n-2)[(n-3)+3]}{3!} = n\ \dfrac{n(n-1)(n-2)}{3!} = n\dbinom{n}{3}$. - **d)** Ausgehend von Zu-fahrt 5 z.B. gibt es für diejenigen Wegepaare 5-j und k-i statt einer zwei mögliche Kollisionen, für die j < k < i ≦ 4 ist (vgl. das Beispiel in der Aufgabe d), in dem j=1, k=2 und i=4 ist), also im allgemeinen Fall gerade für so viele, wie es Möglichkeiten gibt, 3 von n-1 Straßen auszuwählen, d.h. $\dbinom{n-1}{3}$. Da dieses Argument für jeden Fahrer aus einer der n Straßen gilt,

sind es insgesamt $\frac{1}{2} \cdot n \cdot \binom{n-1}{3}$ zusätzliche Kollisionspaare (der Faktor $\frac{1}{2}$ berücksichtigt, daß jede Kollision zweimal gezählt wurde: für jeden Fahrer einer
Kollision einmal!). Die gesuchte Gesamtzahl ist daher $n\binom{n}{3} + 2 \cdot \frac{1}{2} \cdot n \binom{n-1}{3}$. –

e) $n\binom{n}{3} + n\binom{n-1}{3} = \dfrac{n \cdot n(n-1)(n-2)}{3!} + \dfrac{n(n-1)(n-2)(n-3)}{3!} = \dfrac{n(n-1)(n-2)(n+n-3)}{3!} =$

$= (2n-3)\binom{n}{3}$.

24. Wir berechnen, auf wie vielen Scheinen keine benachbarten Zahlen angekreuzt sind. Dies geht auf ebensoviele Weisen, wie es 0-1-Folgen der Länge
49 gibt mit genau 6 Einsen, von denen keine zwei benachbart sind. Will man
eine solche 0-1-Folge erzeugen, z.B. die Folge 1000100001...0, so schreibe
man zuerst alle 49-6 = 43 Nullen hin. Die Einsen kann man dann in die 42
Zwischenräume oder vor die erste bzw. hinter die letzte 0 setzen. Dies geht
auf $\binom{42+2}{6} = \binom{44}{6}$ = 7 059 052 Arten. Folglich gibt es 13 983 816 - 7 059 052
= 6 924 764 Scheine mit Nachbarn: Auf fast jedem zweiten Schein sind also
mindestens zwei angekreuzte Zahlen benachbart.

25. Der Wert einer Karte der untersten Reihe trägt so oft als Summand zum
Gipfelwert bei, wie es im "Kartendreieck" Wege vom Gipfelpunkt zu dieser
Karte gibt. Zur k-ten Karte der Ausgangsreihe führen $\binom{9}{k}$ Wege. Daher gibt die
9-te Pascalreihe
   1   9   36   84   126   126   84   36   9   1
gerade an, daß z.B. die dritte Karte 36-mal in den Gipfelwert eingeht. Nach
der Spielregel interessieren aber nur die Reste bei Division durch 9. Daher
genügt die Zeile
   1   0   0   3   0   0   3   0   0   1.
Der Zauberer braucht daher nur die Werte der beiden äußeren Karten, sowie
das Dreifache der vierten und viertletzten Karte zu addieren und gegebenenfalls einige Neunen zu subtrahieren und erhält den Gipfelwert. Im Beispiel
der Aufgabe: 7 + 3 + 3·6 + 3·8 = 52 = 7 (mod 9). Pfiffig, nicht wahr?

26. $\binom{49}{6}$ = 13 983 816.

$\binom{100}{91} = \binom{100}{9}$ = 1 902 231 808 400 $\approx 1{,}9 \cdot 10^{12}$ = 1,9 Billionen.

27. 1 6 15 20 15 6 1.

28.a) Der 0-1-Vektor von {2,6,7} ist 0100011. Daher muß die vordere 1 um
eine Stelle nach rechts und die beiden hinteren von rechts an sie herange-
schoben werden: 0011100. Der gesuchte Nachfolger ist daher {3,4,5}. –

b) Algorithmus zur Bestimmung des Nachfolgers einer k-elementigen Teilmenge
einer n-elementigen Menge {1,2,3,...,n}:

1. Schritt: Bilde den 0-1-Vektor: Schreibe an eine Stelle immer dann eine 1,
wenn die Nummer der Stelle Element der Menge ist, andernfalls eine 0.

2. Schritt: Falls alle Einsen rechtsbündig sind, dann ist die Menge die letzte in der Liste, also ohne Nachfolger; S T O P.

Sonst verschiebe diejenige unter den Einsen um *eine* Stelle nach rechts, die am weitesten rechts steht und rechts neben sich eine Null hat. Alle rechts von ihr stehenden Einsen rücke man dann links an diese heran.

3. Schritt: Bilde die k-elementige Teilmenge: Schreibe für jede 1 die Nummer ihrer Stelle auf; diese sind dann die Elemente der gesuchten Teilmenge; S T O P.

c) Übergang zum Komplement heißt für den 0-1-Vektor, die Nullen durch Einsen und die Einsen durch Nullen zu ersetzen. Dabei werden Vorgänger zu Nachfolgern und Nachfolger zu Vorgängern; denn statt mit dem obigen Algorithmus Einsen nach rechts kann man ebensogut sinngemäß Nullen nach links schieben und umgekehrt.

Abschnitt 1.4 (Gemeinsame Teiler)

1.a) Sei V_i (i = 3,5) die Menge der Vielfachen von i bis einschließlich 75. Dann ist $|V_3|$ = 25, $|V_5|$ = 15, $|V_3 \cap V_5|$ = 5. Folglich ist $|V_3 \cup V_5|$ = 25 + 15 - 5 = 35 (Prinzip vom Ein- und Ausschluß). - **b)** Teilerfremd zu 75 = $3 \cdot 5^2$ sind die Zahlen, die weder durch 3 noch durch 5 teilbar sind, nach Teil a) also 75 - 35 = 40 Zahlen. - **c)** 720 = $2^4 \cdot 3^2 \cdot 5$. Es ist $|V_2|$ = 360, $|V_3|$ = 240, $|V_5|$ = 144, $|V_2 \cap V_3|$ = 120, $|V_2 \cap V_5|$ = 72, $|V_3 \cap V_5|$ = 48 und $|V_2 \cap V_3 \cap V_5|$ = 24. Daher gibt es 720 - $|V_2 \cup V_3 \cup V_5|$ = 720 - 360 - 240 - 144 + 120 + 72 + 48 - 24 = 192 zu 720 teilerfremde Zahlen.

2.a) a sei die gesuchte Anzahl. Zu ihrer Bestimmung stellt man sich die Zahl 20 so vor: □.

Jedes Setzen von zwei Strichen zerlegt diese Reihe in drei Abschnitte und führt damit zu einer Lösung der Gleichung x + y + z = 20. Daher hat die Gleichung so viele Lösungen, wie es Möglichkeiten gibt, in zwei von 19 Zwischenräumen Striche zu setzen. Also ist a = $\binom{19}{2}$ = 171. - **b)** A sei die Menge der Lösungen (x,y,z) der Gleichung x+y+z = 20, welche der Bedingung x $\leqq$ 8 genügen, B die Menge der Lösungen mit y $\leqq$ 15 und C die mit z $\leqq$ 7. Gesucht ist $|A \cap B \cap C|$. Nach dem Prinzip vom Ein- und Ausschluß und Teil a) ist $|A \cap B \cap C|$ = 171 - $|A' \cup B' \cup C'|$ = 171 - $|A'|$ - $|B'|$ - $|C'|$ + $|A' \cap B'|$ + + $|A' \cap C'|$ + $|B' \cap C'|$ - $|A' \cap B' \cap C'|$. - A' enthält die Lösungen, für die x > 8 ist, daher so viele, wie es Möglichkeiten gibt, in zwei der verbleibenden Zwischenräume Striche zu setzen, d.h. $\binom{11}{2}$ = 55. Ebenso ergibt sich $|B'|$ = $\binom{4}{2}$ = 6 und $|C'|$ = $\binom{12}{2}$ = 66. Da es keine Lösung gibt, für die x > 8 und y > 15 sind, ist $|A' \cap B'|$ = 0, ebenso $|B' \cap C'|$ und $|A' \cap B' \cap C'|$. Für die Lösungen aus A' $\cap$ C' stehen nur noch vier Zwischenräume zur Wahl. Folglich ist $|A' \cap C'| = \binom{4}{2} = 6$. Insgesamt ist $|A \cap B \cap C| = 171 - 55 - 6 - 66 + 6 = 50$.

c) Dies ist dasselbe Problem wie das von Teil a). Die Lösungsidee von Teil a) ist in der Tat dieselbe wie die von 13.a (Abschnitt 1.3).

3.a) Es gibt so viele Möglichkeiten wie es Lösungen der Gleichung $x+y+z = 12$ mit x,y,z aus $\mathbb{N}$ und $x \leq 6$, $y \leq 6$ und $z \leq 6$ gibt. Ist A die Menge der Lösungen mit $x \leq 6$, B die mit $y \leq 6$ und C die mit $z \leq 6$, so ist nach dem Prinzip vom Ein- und Ausschluß die gesuchte Anzahl gleich $|A \cap B \cap C| = \binom{11}{2} -$

$|A' \cup B' \cup C'| = \binom{11}{2} - \binom{5}{2} - \binom{5}{2} - \binom{5}{2} = 55 - 3 \cdot 10 = 25$. – **b)** Für die Augensumme 9, denn dann ist das Ergebnis $\binom{8}{2} - 3 \cdot \binom{2}{2}$, also ebenfalls 25. Man kann die gesuchte Augensumme über den folgenden Ansatz erhalten $x + y + z = n$, $n \leq 18$, und $\binom{n-1}{2} - 3 \cdot \binom{n-7}{2} = 25$, der auf eine quadratische Gleichung in n mit den Lösungen 9 und 12 führt. – Oder ein genial einfaches Argument: Beim Würfeln auf einer Glasplatte entspricht jeder Wurf mit Augensumme 12 von unten gesehen genau einem Wurf mit Augensumme 9, denn $12 + 9 = 3 \cdot 7$ (7 ist für jeden Würfel die Summe gegenüberliegender Seiten).

4. 1 000 der Zahlen von 1 bis 4 003 sind durch 4 teilbar, 40 davon sind durch 100 und 10 durch 400 teilbar. Daher gibt es vom Jahre 1 bis 4003 $1\,000 - 40 + 10 = 970$ Schaltjahre. Entsprechend gibt es vom Jahre 1 bis 1884 457 Schaltjahre. $970 - 457 = 513$ ist daher die gesuchte Anzahl.

5. Sei A die Menge der Jungen, B die Menge der Schüler, die Drei und besser stehen, und C die Menge der Schüler mit Religionsunterricht. Dann ist $|A| = 19$, $|B| = 29$, $|C| = 27$, $|A \cap B| = 16$, $|A \cap C| = 17$, $|B \cap C| = 15$ und $|A \cap B \cap C| = 13$. Nach dem Prinzip vom Ein- und Ausschluß müßte demnach die Klasse mindestens $|A \cup B \cup C| = 19 + 29 + 27 - 16 - 17 - 15 + 13 = 40$ Schüler haben. Widerspruch! – Alternative Lösung ohne das Prinzip: 5 Schüler stehen 4 und schlechter, jedoch von denen, die Religion haben, sind es alleine 12 (Widerspruch!). Entsprechend kann man über die Jungen argumentieren, die 4 oder schlechter stehen.

6. Man überlegt zunächst, wie viele Autos mit einem der drei Extras es höchstens gibt. Die übrigen Autos haben dann mit Sicherheit keines der drei Extras. Sei A die Menge der Autos mit Radio, B die mit Stahlschiebedach und C die Menge der Autos mit Liegesitzen. Dann ist $|A| = 15$, $|B| = 8$, $|C| = 6$ und $|A \cap B \cap C| = 3$. Demnach gilt für die Anzahl der Autos mit einem der drei Extras: $|A \cup B \cup C| = 15 + 8 + 6 - |A \cap B| - |A \cap C| - |B \cap C| + 3 = 32 - |A \cap B| - |A \cap C| - |B \cap C|$. – Da es jeweils mindestens ebenso viele Autos mit zwei der Extras gibt wie mit allen drei, kann es höchstens $32 - 3 \cdot 3 = 23$ Autos mit einem der drei Extras geben, d.h. mindestens 7 Autos haben keines der drei Extras.

7. Sei A die Menge der Wörter der Länge n ohne den Buchstaben a, B die der Wörter ohne b und C die Menge der Wörter der Länge n ohne c. Dann ist $|A' \cap B' \cap C'|$ die gesuchte Anzahl. Da es 26^n Wörter der Länge n gibt und da

$|A| = |B| = |C| = 25^n$ und $|A \cap B| = |A \cap C| = |B \cap C| = 24^n$ sowie $|A \cap B \cap C| = 23^n$, ist die gesuchte Anzahl $26^n - 3 \cdot 25^n + 3 \cdot 24^n - 23^n$.

8.a) Numeriert man Briefe und Umschläge jeweils von 1 bis 5 durch, so sieht man, daß die Frage äquivalent ist mit der Frage nach der Anzahl der Permutationen der Zahlen 1,2,3,4,5 ohne Fixelement. Sei A die Menge der Permutationen mit 1 als Fixelement, B die Menge der Permutationen mit 2 als Fixelement, ..., E die Menge der Permutationen mit 5 als Fixelement, dann ist also nach der Anzahl der Schnittmenge A'∩ B'∩ ...∩ E' gefragt. Es ist $|A| = |B| = ... = |E| = 4!$, $|A \cap B| = |A \cap C| = ... = 3!$, ..., $|A \cap B \cap ... \cap E| = 0!$. Wegen $|A' \cap B' \cap ... \cap E'| = 5! - |A \cup B \cup ... \cup E|$ ist daher $|A' \cap B' \cap ... \cap E'|$ $= 5! - 4!\binom{5}{1} + 3!\binom{5}{2} - 2!\binom{5}{3} + 1!\binom{5}{4} - 0!\binom{5}{5} = 44$ die Anzahl der gesuchten Vertauschungen. - **b)** 265.

9.a) $\varphi(n) = n \cdot \left(1 - \frac{1}{p_1}\right) \cdot \left(1 - \frac{1}{p_2}\right) \cdot ... \cdot \left(1 - \frac{1}{p_k}\right) =$

$= p_1^{e_1} p_2^{e_2} ... p_k^{e_k} \dfrac{(p_1-1)(p_2-1)...(p_k-1)}{p_1 \cdot p_2 \cdot ... \cdot p_k} = p_1^{e_1-1}(p_1-1)p_2^{e_2-1}(p_2-1)...p_k^{e_k-1}(p_k-1).$

b) $\varphi(72) = \varphi(2^3 \cdot 3^2) = 2^2(2-1)3^1(3-1) = 24$; $\varphi(120) = \varphi(2^3 \cdot 3 \cdot 5) = 2^2(2-1) \cdot 3^0(3-1) \cdot 5^0(5-1) = 32$; $\varphi(60\,840) = \varphi(2^3 \cdot 3^2 \cdot 5 \cdot 13^2) = 2^2(2-1) \cdot 3^1(3-1) \cdot 5^0(5-1) \cdot 13^1(13-1) = 4 \cdot 1 \cdot 3 \cdot 2 \cdot 1 \cdot 4 \cdot 13 \cdot 12 = 14\,976$. - **c)** Nach Teil a) ist $\varphi(p) = p^0(p-1) = p-1$. Inhaltlich: Zu jeder Primzahl p sind die p-1 Zahlen 1, 2, ..., p-1 teilerfremd. - **d)** Da n > 2 ist, ist n entweder eine Zweierpotenz oder enthält einen (ungeraden) Primfaktor p > 2. Daher ist in $\varphi(n)$ in der Darstellung aus Teil a mindestens einer der Faktoren gerade. - **e)** $\varphi(n) = 6 = 7^0(7-1) = 3^1(3-1) = 2^0(2-1)7^0(7-1) = 2^0(2-1)3^1(3-1)$. Daraus folgt $n = 7^1 = 7$ oder $n = 3^2 = 9$ oder $n = 2^1 \cdot 7^1 = 14$ oder $n = 2^1 \cdot 3^2 = 18$.

10.a) Hätten n-k und n den gemeinsamen Teiler t, d.h. n-k = mt und n = m't (m'> m), so wäre k = n-(n-k) = (m'-m)t ebenfalls nicht teilerfremd zu n. - **b)** Ist k teilerfremd zu n, so ist es auch n-k (Teil a). Da $\varphi(n)$ die Anzahl aller zu n teilerfremden Zahlen bis n angibt, gibt es $\dfrac{\varphi(n)}{2}$ solche Paare (k,n-k). Nun ist die Summe eines Paares gerade n, die Gesamtsumme daher $n \cdot \dfrac{\varphi(n)}{2}$.

11.a) Sind $n = p_1^{e_1}... p_k^{e_k}$ und $m = q_1^{f_1}... q_r^{f_r}$, so hat n·m wegen der Teilerfremdheit von n und m die Primfaktorzerlegung $nm = p_1^{e_1}... p_k^{e_k}q_1^{f_1}... q_r^{f_r}$. Daher folgt mit Teil a) der Aufgabe 9: $\varphi(nm) = p_1^{e_1-1}(p_1-1) ... p_k^{e_k-1}(p_k-1) \cdot q_1^{f_1-1}(q_1-1) ... q_r^{f_r-1}(q_r-1) = \varphi(n)\varphi(m)$. - **b)** Für $n = p_1^{e_1}... p_k^{e_k}$ ist $n^2 = p_1^{2e_1}... p_k^{2e_k}$ und daher $\varphi(n^2) = p_1^{2e_1-1}(p_1-1) ... p_k^{2e_k-1}(p_k-1) = (p_1^{e_1}... p_k^{e_k}) \cdot p_1^{e_1-1}(p_1-1) ... p_k^{e_k-1}(p_k-1) = n \varphi(n)$.

Kapitel 2

Abschnitt 2.1 (Eine Idee von L. Euler)

1. $12 = 11 + 1 = 10 + 2 = 9 + 3 = 9 + 2 + 1 = 8 + 4 = 8 + 3 + 1 = 7 + 5 =$
$7 + 4 + 1 = 7 + 3 + 2 = 6 + 5 + 1 = 6 + 4 + 2 = 6 + 3 + 2 + 1 = 5 + 4 + 3 =$
$5 + 4 + 2 + 1$. Der Koeffizient von x^{12} ist daher gleich 15.

2. 8.

3. $(1+x)(1+x^2)(1+x^4)(1+x^8) = 1 + x + x^2 + \ldots + x^{15}$, wie man durch Ausmultiplizieren nachprüft.

4.a) $f(x) = (1 + x + x^2 + \ldots)(1 + x^2 + x^4 + \ldots)(1 + x^3 + x^6 + \ldots) \ldots$; gesucht
ist der Koeffizient von $x^{1\,000\,000}$. – **b)** $f(x) = (1 + x + x^2 + \ldots)(1 + x^3 + x^6 + \ldots)(1 + x^5 + x^{10} + \ldots) \ldots$; gesucht ist der Koeffizient von $x^{1\,000\,000}$. –
c) Im ersten Fall steht ein Wägesatz zur Verfügung, der alle ganzzahligen
Gewichtsstücke in jeweils unbegrenzter Anzahl enthält. Im zweiten Fall
besteht der Wägesatz aus den Gewichtsstücken 1,3,5,7, ..., wobei wiederum
jedes Gewicht in unbegrenzter Anzahl zur Verfügung steht.

5. $f(x) = (x + x^2 + x^3 + x^4 + x^5 + x^6)^n$; gesucht ist der Koeffizient von x^k.

6. $f(x) = (1+x)^2(1+x^2)(1+x^5)(1+x^{10})^2(1+x^{20})(1+x^{50})$; gesucht ist der Koeffizient
von x^{78}. – Elementare Bestimmung des Koeffizienten durch Auflisten der vier
möglichen Fälle:

1)	50	20	5	2	1
2)	50	10	10	5	2	1

Auswechseln des Einer-Gewichtsstückes:

3)	50	20	5	2	1
4)	50	10	10	5	2	1.

7. $f(x) = (1 + x + x^2 + \ldots + x^9)^6$; gesucht ist der Koeffizient von x^{23}.

8. $f(x) = (1+x)(1+x^3)(1+x^5)(1+x^7)\ldots$. Für die Zerlegung der natürlichen Zahl
k ist der Koeffizient von x^k gesucht.

9. $f(x) = (x^5 + x^{10} + x^{20} + x^{40} + x^{50})^4$; gesucht ist der Koeffizient von x^{80}.

Abschnitt 2.2 (Geld wechseln)

1.

k	a_k	b_k	c_k		k	a_k	b_k	c_k
50	26	146	341		7	4	6	6
55	28	174			12	7	13	
60	31	205	546		17	9	22	28
65	33	238			22	12	34	
70	36	274	820		27	14	48	76
75	38	312			32	17	65	
80	41	353	1 173		37	19	84	160

$c_{80} = 1\,173$; $c_{37} = 160$.

2. $a_k = [k/10] + 1$, $b_k = b_{k-25} + a_k$; $b_{50} = 10$.

3. Der Produktansatz ist $f(x) = (1 + x + x^2 + x^3 + \ldots) \cdot (1 + x^2 + x^4 + \ldots) \cdot$

$(1 + x^3 + x^6 + \ldots) = \dfrac{1}{1-x} \cdot \dfrac{1}{1-x^2} \cdot \dfrac{1}{1-x^3} = w_0 + w_1 x + w_2 x^2 + \ldots$. Wir wissen $\dfrac{1}{1-x} \cdot \dfrac{1}{1-x^2} =$

$a_0 + a_1 x + a_2 x^2 + \ldots$, wobei $a_0 = 1$, $a_1 = 1$, $a_n = a_{n-2} + 1$ für $n \geqq 2$. Folglich ist

$a_0 + a_1 x + a_2 x^2 + \ldots = (1 - x^3)(w_0 + w_1 x + w_2 x^2 + \ldots)$ und damit $w_0 = 0$, $w_1 = a_1$,

$w_2 = a_2$, $w_n = w_{n-3} + a_n$ für $n \geqq 3$. Daher ist $w_{20} = a_2 + a_5 + a_8 + a_{11} + \ldots + a_{20} =$

$2 + 3 + 5 + 6 + 8 + 9 + 11 = 44$.

4.a) $(1-x)(1+x+x^2 + \ldots + x^n) = 1 + x + x^2 + \ldots + x^n - x - x^2 - \ldots - x^n - x^{n+1} =$

$1 - x^{n+1}$. – **b)** Nach Teil a) ist die linke Seite der Identität gleich

$\dfrac{1-x^{10}}{1-x} \cdot \dfrac{1-x^{100}}{1-x^{10}} \cdot \dfrac{1-x^{1000}}{1-x^{100}} \cdot \ldots = \dfrac{1}{1-x}$. – **c)** Da $\dfrac{1}{1-x} = 1 + x + x^2 + \ldots$ ist.

5. Die Zuordnungen sind eineindeutig.

6. Zur Zerlegung in ungerade Summanden gehört der Produktansatz

$f(x) = (1 + x + x^2 + \ldots)(1 + x^3 + x^6 + \ldots)(1 + x^5 + x^{10} + \ldots)$. Nun ist

$f(x) = \dfrac{1}{1-x} \cdot \dfrac{1}{1-x^3} \cdot \dfrac{1}{1-x^5} \cdot \ldots = \dfrac{(1-x^2)}{(1-x)(1-x^2)} \cdot \dfrac{(1-x^4)}{(1-x^3)(1-x^4)} \cdot \dfrac{(1-x^6)}{(1-x^5)(1-x^6)} \cdots$

$= \dfrac{(1-x)(1+x)(1-x^2)(1+x^2)(1-x^3)(1+x^3)}{(1-x)(1-x^2)(1-x^3)} \cdots = (1+x)(1+x^2)(1+x^3) \ldots$, also genau

der Produktansatz zur Zerlegung in lauter verschiedene Summanden. Daraus

folgt die Behauptung.

7.a) Weil zu diesem Kartenverteilungsproblem der Produktansatz $f(x) =$

$(1 + x + x^2 + x^3 + \ldots)^n = \left(\dfrac{1}{1-x}\right)^n = \dfrac{1}{(1-x)^n}$ gehört (für jedes Kind die Reihe

$1 + x + x^2 + x^3 + \ldots$). – **b)** Jetzt ist der Produktansatz $(x + x^2 + x^3 + \ldots)^n$.

Zugehöriges Zahlzerlegungsproblem: Auf wie viele Arten läßt sich die Zahl k

als Summe von genau n natürlichen Zahlen schreiben?

8. $f(x) = (1 + x + x^2 + \ldots + x^m)^n = \left(\dfrac{1-x^{m+1}}{1-x}\right)^n = \dfrac{1}{(1-x)^n} (1-x^{m+1})^n =$

$\dfrac{1}{(1-x)^n} \left[1 - \binom{n}{1} x^{m+1} + \ldots + (-1)^n \binom{n}{n} x^{(m+1)n}\right]$. Daher unterscheidet sich der An—

satz $f(x)$ von dem neuen Ansatz $\dfrac{1}{(1-x)^n}$ um die Klammer in der letzten Zeile.

Deshalb wirkt sich die Veränderung des Ansatzes auf den Koeffizienten von x^k

nur dann aus, wenn $k \geqq m+1$ ist. Für $k \leqq m$ macht er also keinen Fehler.

9.a) Der Produktansatz ist $f(x) = (1 + x + x^2 + \ldots + x^{10})(1 + x + x^2 + \ldots)^6 =$

$\dfrac{1-x^{11}}{1-x} \cdot \dfrac{1}{(1-x)^6} = \dfrac{1}{(1-x)^7} \cdot (1-x^{11})$. Wegen der Identität aus Aufgabe 7.a ist

$f(x) = \left(1 + \binom{1+7-1}{1} x + \binom{2+7-1}{2} x^2 + \ldots + \binom{k+7-1}{k} x^k + \ldots\right)(1-x^{11})$. Der gesuchte

Koeffizient von x^{25} ist daher $\binom{25+7-1}{25} \cdot 1 + \binom{14+7-1}{14} \cdot (-1) = \binom{31}{25} - \binom{20}{14} =$

$\binom{31}{6} - \binom{20}{6} = 697\ 521$. – **b)** Bestünde für kein Fach eine Beschränkung, so

ließen sich die 25 Briefe auf die 7 Fächer auf $\binom{25+7-1}{7-1} = \binom{25+7-1}{25}$ Arten verteilen (entsprechend dem Kartenverteilungsproblem unter Aufgabe 7.a). Da ins
erste Fach höchstens 10 Briefe gelegt werden dürfen, ist von $\binom{31}{25}$ die Anzahl
der Möglichkeiten abzuziehen, die Briefe so zu verteilen, daß mindestens 11
Briefe im ersten Fach liegen. Dafür sind nur noch 14 Briefe auf sieben
Fächer zu verteilen (11 hat man vorher ins erste Fach gelegt). Dies ist auf
$\binom{14+7-1}{7-1} = \binom{20}{14}$ Arten möglich. Daher ist das Ergebnis wiederum $\binom{31}{25} - \binom{20}{14}$.

10. Ersetze in $(1+x)^n = 1 + \binom{n}{1}x + \binom{n}{2}x^2 + \ldots + \binom{n}{n}x^n$ das x durch $(-x)^m$.

11. Der Produktansatz ist $f(x) = (x + x^2+ x^3+ x^4+ x^5+ x^6)^{10} = x^{10}(1 + x +$
$\ldots + x^5)^{10} = x^{10}\left(\frac{1-x^6}{1-x}\right)^{10} = x^{10}\cdot\frac{1}{(1-x)^{10}}\cdot(1-x^6)^{10} = x^{10}\cdot[1 + \binom{1+10-1}{1}x +$
$+ \binom{2+10-1}{2}x^2 + \ldots]\cdot[1 - \binom{10}{1}x^6 + \binom{10}{2}x^{12} - \ldots + (-1)^{10}\binom{10}{10}x^{60}]$. Gesucht ist
der Koeffizient a_{27} von x^{27}, d.h. der Koeffizient von x^{17} im Produkt der
beiden Klammern. $a_{27} = \binom{5+10-1}{5}\cdot\binom{10}{2} + \binom{11+10-1}{11}\cdot(-\binom{10}{2}) + \binom{17+10-1}{17}\cdot 1 =$
$= \binom{14}{5}\binom{10}{2} - 10\binom{20}{9} + \binom{26}{9} = 1\ 535\ 040$.

12. Wegen der Binomialentwicklung ist $(1+x)^n(1+x)^m = \left[\binom{n}{0}+\binom{n}{1}x + \ldots + \binom{n}{n}x^n\right]\cdot$
$\cdot\left[\binom{m}{0} + \binom{m}{1}x + \ldots + \binom{m}{m}x^m\right]$ und daher ist der Koeffizient von x^k gleich
$\binom{n}{0}\binom{m}{k} + \binom{n}{1}\binom{m}{k-1} + \ldots + \binom{n}{k}\binom{m}{0}$. Andererseits ist der Koeffizient von x^k in
der Entwicklung von $(1+x)^{n+m}$ gerade $\binom{n+m}{k}$.

13. Wegen $(1+x)^n = (1+x)(1+x)^{n-1} = (1+x)(1 + \binom{n-1}{1}x + \binom{n-1}{2}x^2+ \ldots + \binom{n-1}{n-1}x^{n-1})$
ist der Koeffizient von x^k in der Entwicklung der rechten Seite $1\cdot\binom{n-1}{k} +$
$+ 1\cdot\binom{n-1}{k-1}$, der der Entwicklung der linken Seite $\binom{n}{k}$.

Abschnitt 2.3 (Eine Beobachtung an DIN – Papier)

1.a) Aus der DIN-Eigenschaft folgt

$$\frac{a}{b} = \frac{b}{a/2} \quad,$$

also $\left(\frac{a}{b}\right)^2 = 2$ und damit $\frac{a}{b} = \sqrt{2}$.

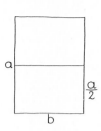

b) Zu zeigen ist, daß

$$\frac{b}{a-b} = \frac{a-b}{b-2(a-b)}$$

ist. Dies ist äquivalent mit

$$b(3b-2a) = (a-b)^2$$
$$<=> \qquad 2b^2 = a^2$$
$$<=> \qquad \left(\frac{a}{b}\right)^2 = 2 \;.$$

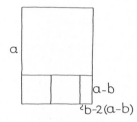

Zur Bemerkung der Irrationalität von $\sqrt{2}$: Wäre das Seitenverhältnis eines DIN-Papiers rational, so hätten die Seiten ein gemeinsames Maß, d.h. das Rechteck ließe sich mit Quadraten pflastern. Unser Abschneideprozeß müßte daher abbrechen.

2.a) $F_k = F_{k-1} + F_{k-2}$, $F_1 = F_2 = 1$. - **b)** Die erzeugende Reihe des Problems ist

$f(x) = F_0 + F_1 x + F_2 x^2 + \ldots$. Unter Verwendung der Rekursion für die F_k

erhält man wie in Abschnitt 3.3 $f(x) - xf(x) - x^2 f(x) = x$ oder $f(x) = \frac{x}{1-x-x^2}$.

Die Partialbruchzerlegung $f(x) = \frac{A}{1-ax} + \frac{B}{1-bx}$ mit $a = \frac{1+\sqrt{5}}{2}$ und $b = \frac{1-\sqrt{5}}{2}$, so-

wie $A = \frac{1}{\sqrt{5}}$ und $B = \frac{1}{\sqrt{5}}$ führt nach Entwicklung zu $f(x) = A[(a-b)x + (a^2 - b^2)x^2 +$

$+ \ldots]$. Der Koeffizient von x^k ist also $A(a^k - b^k)$ und damit folgt

$$F_k = \frac{1}{\sqrt{5}} \left[\left(\frac{1+\sqrt{5}}{2}\right)^k - \left(\frac{1-\sqrt{5}}{2}\right)^k \right].$$

3.a) Da $\left(\frac{1-\sqrt{5}}{2}\right)^k$ mit wachsendem k dem Betrag nach immer kleiner wird

$\left(\frac{1-\sqrt{5}}{2} \approx -0,62\right)$, ist $F_k \approx \frac{1}{\sqrt{5}} \left(\frac{1+\sqrt{5}}{2}\right)^k$ und damit nähert sich das Verhältnis

$F_k : F_{k-1}$ immer mehr $\frac{1+\sqrt{5}}{2}$. - **b)** Aus $\frac{1}{b} = \frac{b}{1-b}$ folgt $b^2 + b - 1 = 0$ und damit als

positive Lösung $b = \frac{\sqrt{5}-1}{2} \approx 0,62$.

4.a) Da das erste Paar erst ab dem dritten Monat wirft, ist im ersten und zweiten Monat nur ein Paar vorhanden. Im dritten und vierten Monat kommt je ein Paar hinzu, so daß es dann zwei bzw. drei Paare sind. Im fünften Monat beginnt das erste junge Paar ebenfalls zu werfen, so daß es im fünften Monat fünf Paare sind, usw. Bezeichnet P_k die Anzahl der Paare im k-ten Monat, so gilt demnach $P_1 = 1$, $P_2 = 1$, $P_3 = 2$, $P_4 = 3$, $P_5 = 5$ usw. Da sich die Anzahl P_k der Kaninchenpaare im k-ten Monat zusammensetzt aus den im k-ten Monat neu geborenen Paaren und den bereits im vorangehenden Monat vorhandenen Paaren, gilt $P_k = P_{k-2} + P_{k-1}$. Die Folge der P_k genügt also - einschließlich der Anfangswerte - derselben Rekursion wie die Fibonacci-Zahlen, daher ist $P_k = F_k$. - **b)** T_k bezeichne die gesuchte Anzahl. Auf die k-te Stufe gelangt er entweder über die (k-1)-te oder über die (k-2)-te Stufe. Daher ist $T_k = T_{k-1} + T_{k-2}$. Wegen der Anfangswerte $T_1 = 1$ und $T_2 = 1$ ist auch hier $T_k = F_k$. - **c)** Die Rekursion lautet hier $T_k = T_{k-1} + T_{k-2} + T_{k-3}$ mit den Anfangswerten $T_1 = T_2 = 1$ und $T_3 = 2$. - **d)** Ein Feld läßt sich auf zwei, zwei Felder lassen sich auf drei, drei Felder lassen sich auf fünf Arten färben usw. Ist bei k Feldern das k-te rot gefärbt, so muß das (k-1)-te Feld blau sein, daher gibt es in diesem Fall ebensoviele Möglichkeiten, wie es zulässige Färbungen von k-2 Feldern gibt, sagen wir A_{k-2}. Ist das k-te Feld blau, so gibt es A_{k-1} Möglichkeiten. Die Rekursion lautet daher $A_k = A_{k-2} + A_{k-1}$ mit den Anfangswerten $A_1 = 2$ und $A_2 = 3$. Daher ist $A_k = F_{k+2}$. - **e)** Die Lösung ist
$$G_k = \left(\frac{1+\sqrt{5}}{2}\right)^k + \left(\frac{1-\sqrt{5}}{2}\right)^k.$$

5.a) Die Liniensumme S_k der k-ten Linie genügt der Rekursion $S_k = S_{k-1} + S_{k-2}$, da jede innere Zahl der k-ten Linie nach der Binomialrekursion durch Addition der direkt über ihr und direkt links über ihr stehenden beiden Zahlen entsteht. Da überdies $S_1 = S_2 = 1$ ist, ist $S_k = F_k$. - **b)** $F_2 = F_3 - F_1$; $F_3 = F_4 - F_2$; $F_4 = F_5 - F_3$; $\ldots$; $F_{k-1} = F_k - F_{k-2}$; $F_k = F_{k+1} - F_{k-1}$. Daher ist $F_2 + F_3 + \ldots + F_k = F_k + F_{k+1} - F_1 - F_2$ und somit $F_1 + F_2 + \ldots + F_k = F_{k+2} - 1$. - **c)** Lösung mit nachstehender Figur, indem man die Terme der rechten und linken Seite als Flächeninhalte deutet:

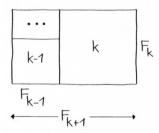

d) $F_k^2 - F_{k+1}F_{k-1} = \left(\frac{1}{\sqrt{5}}\left[\left(\frac{1+\sqrt{5}}{2}\right)^k - \left(\frac{1-\sqrt{5}}{2}\right)^k\right]\right)^2 - \frac{1}{\sqrt{5}}\left[\left(\frac{1+\sqrt{5}}{2}\right)^{k+1} - \left(\frac{1-\sqrt{5}}{2}\right)^{k+1}\right] \cdot$

$\cdot \frac{1}{\sqrt{5}}\left[\left(\frac{1+\sqrt{5}}{2}\right)^{k-1} - \left(\frac{1-\sqrt{5}}{2}\right)^{k-1}\right] = \ldots = (-1)^{k-1}.$

6. Längs der Diagonalen des Rechtecks passen die Stücke nicht genau zusammen, es bleibt ein Gebiet von gerade $1 cm^2$ frei. Bei der Verwandlung eines
5x5-Quadrats in ein 3x8-Rechteck dagegen überlappen sich die Stücke um $1 cm^2$.
Allgemein kann man aus einem Quadrat der Seitenlänge F_k ein Rechteck der
Fläche $F_{k+1} \cdot F_{k-1}$ herstellen, wobei F_k nahe bei $F_{k+1} \cdot F_{k-1}$ liegt und abwech-
selnd kleiner und größer ist. Den genauen Zusammenhang gibt die Beziehung
in 5.d an.

Abschnitt 2.4 (Verbotene Turmstellungen)

1. Wegen der endlichen Ausdehnung des Brettes B lassen sich nur endlich
viele nicht-schlagende Türme auf B unterbringen.

2.a) $T(x) = 1 + 6x + 6x^2$. – **b)** $T(x) = 1 + 8x + 14x^2 + 4x^3$. – **c)** $T(x) = 1 + 7x +$
$+ 10x^2 + 2x^3$. – **d)** $T(x) = 1 + 9x + 25x^2 + 21x^3$.

3. Um z.B. 3 Türme zu setzen, sind zunächst drei Spalten auszuwählen. Dies
geht auf $\binom{8}{3}$ Arten. Bei jeder Wahl von 3 Spalten gibt es für den ersten Turm
8, für den zweiten 7 und den dritten noch 6, insgesamt also $8 \cdot 7 \cdot 6$ Möglichkeiten. Daher ist der Koeffizient von x^3 im Turmpolynom gleich $\binom{8}{3} \cdot 8 \cdot 7 \cdot 6 =$
$\binom{8}{3} \cdot \frac{8!}{(8-3)!}$. Allgemein ist der Koeffizient von x^k gleich $t_k = \binom{8}{k} \cdot \frac{8!}{(8-k)!}$.

4.

5. Z.B. haben die nicht äquivalenten Bretter

dasselbe Turmpolynom $T(x) = 1 + 4x + 2x^2$.

6. Das Brett der verbotenen Positionen ist

Damit gibt es 18 Möglichkeiten, alle Wünsche zu erfüllen.

7.a) (Vgl. Lösung zur Aufgabe 8.a zum Prinzip von Ein-und Ausschluß.) Ist A_i die Menge der Permutationen mit i als Fixelement (i = 1, ..., n), so ist nach $|A_1' \cap \ldots \cap A_n'|$ gefragt.

Da

$$|A_1| = \ldots = |A_n| = (n-1)!$$
$$|A_1 \cap A_2| = \ldots = |A_{n-1} \cap A_n| = (n-2)!$$
$$. \quad . \quad . \quad . \quad . \quad . \quad . \quad . \quad . \quad . \quad . \quad . \quad . \quad . \quad . \quad .$$
$$|A_1 \cap \ldots \cap A_n| = (n-n)! = 0!$$

ist, gilt nach dem Prinzip vom Ein- und Ausschluß

$$|A_1' \cap \ldots \cap A_n'| = n! - \binom{n}{1}(n-1)! + \binom{n}{2}(n-2)! - \ldots \pm \binom{n}{n} \cdot 0!$$

b) Das Brett der verbotenen Positionen

zerfällt in n disjunkte Einerbretter, sein Turmpolynom ist also gleich $T(x) = (1+x)^n$. Der Koeffizient t_k von x^k ist, wie wir aus der Binomialverteilung wissen, gleich $\binom{n}{k}$.

8.a)

$$T\left(\begin{array}{c}\scriptstyle 1\,2\,\cdots\,m \\ \text{grid}\end{array}\right) = T\left(\text{grid}\right) + x\cdot T\left(\text{grid}\right)$$

$$= T\left(\text{grid}\right) + 2x\cdot T\left(\text{grid}\right)$$

$$= \cdots\cdots\cdots\cdots\cdots\cdots\cdots\cdots$$

$$= T\left(\text{grid}\right) + mx\cdot T\left(\text{grid}\right)$$

b) $T(x,B_{5,5}) = 1 + 25x + 200x^2 + 600x^3 + 600x^4 + 120x^5.$

c) $t_k(B_{n,m}) = \dbinom{n}{k}\cdot m\cdot(m-1)\cdot\ \ldots\ \cdot(m-k+1).$

9. $T(x,B_5) = 1 + 10x + 35x^2 + 50x^3 + 25x^4 + 2x^5,$ die gesuchte Anzahl ist 13.

11.a) Die Koeffizienten t_k von x^k in $T(x,G_n)$ geben an, auf wie viele Arten sich k nicht-schlagende Türme auf das Brett G_n

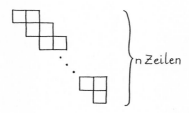

setzen lassen. G_n hat die $2n-1$ Felder

t_k ist dann die Anzahl der Möglichkeiten, unter diesen Feldern k so auszuwählen, daß keine aufeinanderfolgenden Felder dabei sind. Also sind k der
2n-1 Felder

mit k Einsen und n-k Nullen zu belegen, und zwar so, daß keine Einsen auf-
einanderfolgen. Z.B. ist 10010100...010 eine zulässige Wahl, bei der 0
Nullen vor der ersten Eins, 2 Nullen vor der zweiten Eins, 3 Nullen vor der
dritten Eins, ... und alle (2n-1)-k Nullen bis auf eine vor der k-ten und
damit letzten Eins stehen. Die Plätze der k Einsen zu wählen ist aber
gleichbedeutend damit, für jede der k Einsen festzulegen, wieviel Nullen ihr
insgesamt vorausgehen sollen. Daher hat man ebensoviele zulässige Belegungen
der 2n-1 Felder mit k Einsen, wie es Möglichkeiten gibt, k Elemente aus der
Anzahlmenge $\{0,1,2,\ldots,(2n-1)-k\}$ von vorausgehenden Nullen auszuwählen, d.h.
$\binom{(2n-1)-k+1}{k} = \binom{2n-k}{k}$. Also ist, wie behauptet, $t_k = \binom{2n-k}{k}$. (Noch rascher
kommt man mit dem in der Lösung zu Aufgabe 24, Abschnitt 1.3 angegebenen Weg
zum Ziel.) – **b)** $T(x,B_n) = 1 + \binom{2n-1}{1}x + \ldots + \binom{2n-k}{k}x^k + \ldots + \binom{2n-n}{n}x^n + 1\cdot x +$

$+ \ldots + \binom{2n-k-1}{k-1}x^k + \ldots + \binom{2n-n-1}{n-1}x^n = 1 + \left[\binom{2n-1}{1}+1\right]x + \ldots + \left[\binom{2n-k}{k} + \right.$

$+ \left.\binom{2n-k-1}{k-1}\right]x^k + \ldots + \left[\binom{2n-n}{n} + \binom{2n-n-1}{n-1}\right]x^n.$ Nun ist $\binom{2n-k}{k} + \binom{2n-k-1}{k-1} =$

$= \dfrac{(2n-k)(2n-k-1)\cdot\ldots\cdot(2n-k-k+1)}{k!} + \dfrac{(2n-k-1)\cdot\ldots\cdot(2n-k-k+1)}{(k-1)!}$

$= \dfrac{(2n-k-1)\cdot\ldots\cdot(2n-k-k+1)((2n-k)+k)}{k!} = \dfrac{2n(2n-k)(2n-k-1)\cdot\ldots\cdot(2n-k-k+1)}{(2n-k)k!}$

$= \dfrac{2n}{2n-k}\binom{2n-k}{k}.$

12. Nach Aufgabe 11.a hat man $\binom{2n-k}{k}$ Möglichkeiten, k nicht-schlagende Türme

auf das Brett G_n zu setzen. Daher hat man insgesamt $\binom{2n-0}{0} + \binom{2n-1}{1} + \ldots +$

$+ \binom{2n-n}{n}$ Möglichkeiten, überhaupt nicht-schlagende Türme zu setzen. Dies ist
gerade die (2n+1)-te Liniensumme im Pascalschen Dreieck, d.h. gleich F_{2n+1}
(s. Aufgabe 5.a zu Abschnitt 2.3).

Kapitel 3

Abschnitt 3.1 (Zeit sparen)

1. Im Anschluß an die zuletzt gesetzten Marken werden die 13 Marken H(I/7,5), B(C/10,5), S(P/10,5), ..., F(O/16,5) gesetzt. Zurückverfolgen der Marken ergibt den Weg WIPSQOF; es ist der im Text genannte.

2.a) Z.B. M und E durch MGE und MLE. - **b)** Das Minimum in der Länge der Vergleichswege taucht mehrfach auf. - **c)** Die Marken lassen sich auf mehrere Weisen setzen. (Daher kann der Algorithmus zu verschiedenen kürzesten Wegen gelangen.)

3.a) AFGLQVWXY, Länge 19. - **b)** AFGLMLQVWXY, Länge 23. - **c)** AFGLQVWRSXY, Länge 22. - **d)** Man suche einen kürzesten Weg zum ersten Zwischenpunkt, von diesem zum nächsten usw.

4. Unter den Vergleichswegen wird jeweils einer maximaler Länge gewählt und entsprechend markiert. Ergebnis ist der Weg ACDEFG mit der Länge 23. (Eine Hinzunahme der jeweils längsten Kante führt zu dem Weg ACFG mit Länge 19 und damit nicht zum Ziel.)

5. So wird markiert: K2(L/2), V1(K2/3), K1(L/3), V3(K2/4), S1(V1,5), L(S1/6). Da die Akte von L über K-, V- und S-Punkte laufen muß, wandert sie von L über K2, V1, S1 zu L zurück und ist 6 Tage unterwegs. (Vgl. die Strategie zu 3.d).)

6.a) Z.B. AFGHD mit Länge 4. - **b)** Es gibt 7 kürzeste Wege: ABGHD, ABCHD, ABCED, ABIED, AFGHD, AFCHD und AFCED. - **c)** Markiere alle Punkte, die von A die Entfernung 1 haben (Punkte der ersten Generation). Sodann werden alle Punkte markiert, die von den Punkten der ersten Generation die Entfernung 1 haben; es sind die Punkte der zweiten Generation. So fahre fort, bis D markiert ist. - **d)** Man blase, ausgehend von A, nach dem Generationsprinzip aus Teil c) die "Wolke" schrittweise auf, bis sie den Zielpunkt erreicht.

7.a) Man mache den betreffenden Punkt zum Anfangspunkt und lasse den Algorithmus von Dijkstra erst dann abbrechen, wenn alle Punkte markiert sind.
b) Man verfahre wie unter a) und merke sich von den Vergleichswegen nicht nur *einen*, sondern *alle* kürzesten Wege.

8.a) Das in der i-ten Zeile und j-ten Spalte stehende Element gibt die Länge eines kürzesten Weges an, der aus höchstens 2 Kanten zusammengesetzt ist und vom Punkt i zum Punkt j führt.

b)

$$W^3 = \begin{pmatrix} 0 & 2 & 3 & 4 & 5 \\ 2 & 0 & 5 & 2 & 7 \\ 3 & 5 & 0 & 7 & 2 \\ 4 & 2 & 7 & 0 & 6 \\ 5 & 7 & 2 & 6 & 0 \end{pmatrix} \quad \text{und es ist } W^3 = W^4 = W^5 = \dots .$$

Das in der i-ten Zeile und j-ten Spalte von W^k stehende Element gibt die Länge eines kürzesten Weges mit höchstens k Kanten vom Punkt i zum Punkt j an. Für ein Netz mit n Punkten ist die Potenz W^k spätestens ab $k = n-1$ stabil, da ein kürzester Weg höchstens aus $(n-1)$ Kanten bestehen kann.

Übrigens geben die Elemente von W^3 die Längen kürzester Wege zwischen beliebigen Punkten an. - **c)** Hätte man ein $k \in \mathbb{N}$ gefunden, von dem ab W^k stabil
ist, so würden die Elemente von W^k die Frage beantworten. Da nur die Elemente von W^k interessieren, ist es zweckmäßig, durch fortgesetztes Quadrieren
schnell hochzurechnen: W^2; $(W^2)^2 = W^4$; $(W^4)^2 = W^8$; ..., solange, bis für ein
$k \in \mathbb{N}$ $W^{2k} = W^k$ ist. Dann sind auch alle zwischen W^k und W^{2k} liegenden Potenzen gleich W^k, da kürzeste Wege zwischen zwei Punkten mit mehr zulässigen
Kanten nicht länger werden können.

Abschnitt 3.2 (Netze aufspannen)

1.

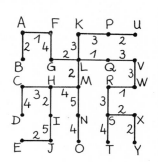

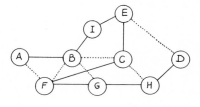

2.a)

b) Rekursive Strategie: Wähle einen Punkt P und unter den von P ausgehenden
Kanten eine minimaler Länge. Behandle den Endpunkt dieser Kante wie P und
suche alle minimalen Gerüste zu dem verbleibenden Netz. Wiederhole dies
solange, wie es verschiedene Kantenwahlen gibt. Der gesamte Prozeß ist für
jeden Punkt des Netzes zu durchlaufen.
3. Da der Algorithmus bei jedem Durchlauf *eine* Kante hinzunimmt (und damit
einen weiteren Punkt), mit der Hinzunahme des letzten Punktes des Netzes
aber abbricht, werden bei n Punkten genau (n-1) Kanten gewählt.

4. Vier (Länge jeweils 11).

5.a) Wenn sie zu einem Kreis führt. - **b)** Der Algorithmus stoppt wegen der Endlichkeit des Netzes. Angenommen, das vom Algorithmus erzeugte Gerüst G̲ wäre nicht minimal. Ist dann G̲' ein minimales Gerüst, das möglichst viele Kanten mit G̲ gemeinsam hat, so tritt bei der Konstruktion von G̲ an einer Stelle zum ersten Male eine Kante k auf, die nicht zu G̲' gehört. Nimmt man k noch zu G̲' hinzu, so entsteht ein Kreis; wir beseitigen ihn, indem wir eine Kante k' ≠ k herausnehmen, die nicht zu G̲ gehört (nicht der gesamte Kreis kann zu G̲ gehören). k' kann nicht kürzer als k sein, sonst wäre statt k die Kante k' gewählt worden. In der Tat war k' zur Konkurrenz zugelassen, da bis zu dieser Stelle der Konstruktion von G̲ die Hinzunahme von k' nicht zu einem Kreis geführt hätte. (Man beachte, daß k' in G̲' keinen Kreis bildete.) Daher ist das Gerüst, das aus G̲' durch Austausch von k' gegen k entsteht, minimal und stimmt - im Widerspruch zur Annahme - mit G̲ in mehr Kanten überein als G̲'. - **c)** Vorteil : Die Idee des Algorithmus ist sehr naheliegend. Nachteil: Die Sicherstellung der Kreisfreiheit ist schwierig.

6.a) Wenn ihre beiden Endpunkte auch ohne sie erreichbar sind. - **b)** Nennen wir, in Anlehnung an 5.b, das durch den Gesundschrumpfungsalgorithmus erzeugte Gerüst G̲ und nehmen wir wieder an, es gäbe ein minimales Gerüst G̲', das von G̲ verschieden ist, jedoch mit ihm möglichst viele Kanten gemeinsam hat. Auch hier gelangen wir zum erstenmal an eine Stelle, an der eine Kante k als nicht entbehrlich erkannt wird und nicht zu G̲' gehört. Wie im Beweis zu 5.b zeigt man, daß in G̲' k gegen ein k' austauschbar ist, das aus G̲' ein minimales Gerüst macht, welches - entgegen der Annahme - mit G̲ mehr Kanten gemeinsam hat als G̲'.

7.

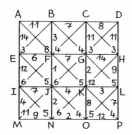

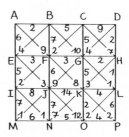

8.

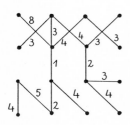

Länge 53

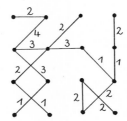

Länge 31

9.a) Mit der Geizhalsstrategie erhält man

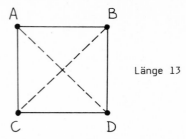

Länge 13

und somit keine optimale Lösung. Die Strategie des Gesundschrumpfens liefert eine optimale Lösung:

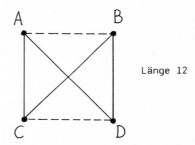

Länge 12

b)

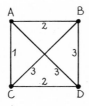

Der Geizhals baut ein opti-
males Gerüst der Länge 9,
der Gesundschrumpfer kommt
auf die Länge 10.

Abschnitt 3.3 (Bananen verschiffen)

1. Der Wert des Flusses ist 96.
2. ĉ bezeichne das Minimum der x-Werte aus dem 6. Schritt des Algorithmus. Ist dann P ein beliebiger Punkt längs des flußvergrößernden Weges, so sind vier Fälle möglich:

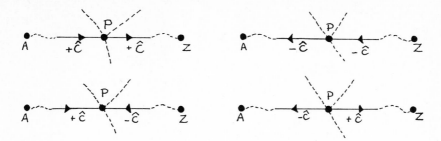

In jedem bleibt die Erhaltungsbedingung in P gültig.

3.

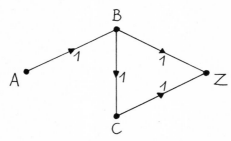

4. Änderung der Belegung gegenüber der Lösung im Text: CB: -13; BC: -13.

5.a)

Kanten des Schnittes $(S,\overline{S})$	Punkte in S	Punkte in $\overline{S}$	Kapazität des Schnittes $(S,\overline{S})$	
1. AB,AC,AD	A	B,C,D,Z	4+1+5	= 10
2. AC,AD,BC,CB,BZ	A,B	C,D,Z	1+5+5+2	= 13
3. AB,AD,BC,CB,DC,CZ	A,C	B,D,Z	4+6+5+4	= 19
4. AB,AC,DC,DZ	A,D	B,C,Z	4+1+1+2	= 8
5. AD,BC,CZ,DC	A,B,C	D,Z	5+2+4	= 11
6. AC,BC,CB,BZ,DC,DZ	A,B,D	C,Z	1+5+2+1+2	= 11
7. AB,BC,CB,CZ,DZ	A,C,D	B,Z	4+6+4+2	= 16
8. BZ,CZ,DZ	A,B,C,D	Z	2+4+2	= 8

Der 4. und der 8. Schnitt sind minimal.

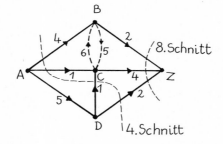

b) Der Wert des Flusses beträgt 8 und ist dann gleich der Kapazität der minimalen Schnitte.

6. Wir zeigen sogar: Für jede Punktmenge M, die A und Z nicht enthält, ist die Summe des aus M herausfließenden Flusses gleich der Summe des in M hineinfließenden Flusses.

Für jeden Punkt aus M ist der in ihn hineinfließende gleich dem aus ihm herausfließende Fluß (Erhaltungsbedingung). Daher ist die Summe dessen, was in alle Punkte aus M hineinfließt, gleich der Summe dessen, was aus allen Punkten aus M herausfließt.

Die Flüsse auf Kanten, die Punkte von M untereinander verbinden, sind aber sowohl in der einen wie in der anderen Summe berücksichtigt. Daher bleiben die Summen gleich, wenn man die Flüsse auf ganz in M verlaufenden Kanten in beiden Summen streicht. Übrig bleibt einerseits der gesamte aus M heraus- fließende Fluß und andererseits der gesamte in M hineinfließende Fluß.

7.a) Der Algorithmus von Ford/Fulkerson stoppt, wenn die Punkte A,B und D markiert sind. Der Wert des maximalen Flusses ist 14. – **b)** A,D und F sind markiert; der Flußwert ist 12. – **c)** Nur A ist markiert; Wert 20.

8.a) falsch. – **b)** richtig. – **c)** richtig. – **d)** falsch.

9. Modifiziertes Netz:

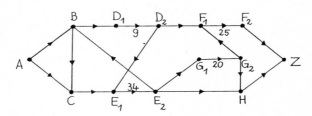

Zum Schluß sind A,B,C,D_1,E_1,E_2,G_1 und G_2 markiert. Der Wert des maximalen Flusses ist 28.

10. Modifiziertes Netz:

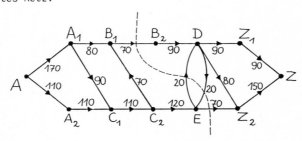

Zum Schluß sind markiert: A,A_1,A_2,B_1,C_1,C_2 und E. Der Hersteller kann maximal 160 Traktoren zusichern.

11.

Bewerber	B	C	D	E	F
bekommt Job	W	T	Y	X	V

12.

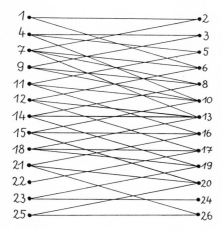

13. *1. Schritt*: Belege alle Kanten mit Null.

2. Schritt: A erhält die Generationsmarke i = 1.

3. Schritt: Markiere alle Punkte Q, die sich von einem Punkt P der i-ten Generation markieren lassen.

4. Schritt: Gibt es keinen solchen Punkt Q, dann ist der gegenwärtige Fluß maximal; S T O P. Sonst

5. Schritt: Q erhält die Generationsmarke i + 1.

6. Schritt: Läßt sich Q von P vorwärts markieren, so gib ihm die Marke (P→,x), wo x der maximale Betrag ist, um den sich der Fluß von P nach Q vergrößern läßt. Läßt sich Q von P rückwärts markieren, gib ihm die Marke (P←,x), wo x der Betrag des Flusses von Q nach P ist.

7. Schritt: Ist Z markiert, läßt sich der Fluß von A nach Z vergrößern; gehe zum 8. Schritt. Andernfalls gehe zum 3. Schritt.

8. Schritt: Verfolge die gesetzten Marken von Z bis A zurück und bestimme den Engpaß. Vergrößere den Fluß längs der Vorwärtskanten des Weges und verkleinere ihn längs seiner Rückwärtskanten jeweils um diesen Engpaß.

9. Schritt: Lösche alle Marken und gehe zurück zum 2. Schritt.

14. Man denke sich alle Kanten des Netzes als nicht gerichtet und von der Länge 1. Die Generationsmarke i eines jeden Punktes P mißt dann die Länge eines kürzesten Weges von A nach P, wobei nur Wege über markierte Punkte zur Konkurrenz zugelassen sind (s. 3.1).

Ausgewählte Programme in ELAN

Einige der im Buch beschriebenen Algorithmen werden in direkter und leicht nach-
vollziehbarer Weise in ELAN – Programme (Betriebsystem EUMEL) umgesetzt, wobei
die Lesbarkeit Vorrang hat gegenüber Maßnahmen zur Beschleunigung der Laufzeit. Es sind dies Algorithmen zu den Themenkreisen

> Aufzählen von Permutationen (Seite 175ff),
>
> Pascal – Zahlen (Seite 178ff),
>
> Geld wechseln (Seite 180ff),
>
> Kürzeste Wege (Seite 186ff),
>
> Minimale Gerüste (Seite 192ff),
>
> Maximale Flüsse (Seite 195ff).

Aufzählen von Permutationen (Kapitel 1.2)

Das Programm gestattet, den Nachfolger einer Melodie (Permutation), ihre Stellennummer und zu gegebener Stellennummer und Melodielänge die Melodie zu finden,
sowie sämtliche Melodien einer Länge aufzulisten. Es arbeitet mit den Ziffern (den
"Tönen") 1, 2, ..., n (n < 9); Nachfolger der letzten ist die erste Melodie.

```
PACKET melodie DEFINES nachfolger,
                       stellennummer,
                       melodie,
                       melodien:

TEXT PROC nachfolger (TEXT CONST melodie):
  TEXT VAR hoechster ton,
           verkuerzte melodie :: melodie,
           gestrichene toene  :: "";        (* in aufsteigender Reihenfolge *)
  INT  VAR position des hoechsten tons;
  WHILE hoechster ton steht am anfang REP
    merke den hoechsten ton und streiche ihn;
  PER;
  schiebe den hoechsten ton um eine position nach links;
  fuege gestrichene toene rechts an.

hoechster ton steht am anfang:
  hoechster ton := text (length (verkuerzte melodie));
  hoechster ton = (verkuerzte melodie SUB 1).
```

```
merke den hoechsten ton und streiche ihn:
  gestrichene toene   := hoechster ton + gestrichene toene;
  verkuerzte melodie := subtext (verkuerzte melodie,2).

schiebe den hoechsten ton um eine position nach links:
  IF verkuerzte melodie <> ""   (*Die gegebene Melodie ist nicht die letzte.*)
  THEN position des hoechsten tons := pos (verkuerzte melodie,hoechster ton);
      verkuerzte melodie           :=   vorderer teil
                                      + hoechster ton
                                      + links danebenstehender ton
                                      + hinterer teil
  FI.

vorderer teil:
  subtext (verkuerzte melodie,1,position des hoechsten tons-2).

links danebenstehender ton:
  verkuerzte melodie SUB (position des hoechsten tons-1).

hinterer teil:
  subtext (verkuerzte melodie,position des hoechsten tons+1).

fuege gestrichene toene rechts an:
  verkuerzte melodie + gestrichene toene
END PROC nachfolger;

INT PROC stellennummer (TEXT CONST melodie):
  INT CONST laenge :: length (melodie);
  IF laenge = 1
     THEN LEAVE stellennummer WITH 1
  FI;
  TEXT CONST hoechster ton :: text (laenge);
  INT VAR platznummer :: pos (melodie, hoechster ton);
  TEXT VAR verkuerzte melodie := melodie;
  delete char (verkuerzte melodie, platznummer);
  platznummer := laenge - platznummer + 1;
  (stellennummer (verkuerzte melodie) - 1) * laenge + platznummer
END PROC stellennummer;

TEXT PROC melodie (INT CONST laenge, stellennr):
  IF laenge <= 1
     THEN LEAVE melodie WITH "1"
  FI;
  INT VAR platznr                   :: (stellennr - 1) MOD laenge + 1,
          stellennr verk melodie :: (stellennr - platznr) DIV laenge + 1;
  TEXT VAR verk melodie  :: melodie (laenge - 1, stellennr verk melodie);
    subtext (verk melodie,1,laenge - platznr)
  + text (laenge)
  + subtext (verk melodie,laenge - platznr + 1)
END PROC melodie;
```

```
PROC melodien (INT CONST laenge):
  erzeuge anfangsmelodie;
  erzeuge ausgabedatei;
  put ("Erzeugt wird Melodie Nr.");
  REP schreibe melodie;
      erzeuge nachfolger
  UNTIL nachfolger ist die erste melodie PER;
  edit (ausgabe).

erzeuge anfangsmelodie:
  IF    laenge <= 0
        THEN errorstop ("Laenge der Melodie kleiner oder gleich null!")
  ELIF laenge >= 10
        THEN errorstop ("Laenge der Melodie zu gross!")
  FI;
  TEXT CONST erste melodie :: subtext ("123456789",1,laenge);
  TEXT VAR   melodie :: erste melodie;
  INT VAR  nr :: 0.

erzeuge ausgabedatei:
  FILE VAR ausgabe :: sequential file (output,"MELODIE." + text (laenge)).

schreibe melodie:
  nr INCR 1;
  put (ausgabe, text (nr,6) + ".  " + melodie); line (ausgabe);
  cout (nr).

erzeuge nachfolger:
  melodie := nachfolger (melodie).

nachfolger ist die erste melodie:
  melodie = erste melodie
END PROC melodien

END PACKET melodie
```

Die Prozedur **melodien (4)** liefert folgendes Ergebnis:

```
 1.   1234
 2.   1243
 3.   1423
 4.   4123
 5.   1324
 6.   1342
 7.   1432
 8.   4132
 9.   3124
10.   3142
11.   3412
12.   4312
```

13. 2134
14. 2143
15. 2413
16. 4213
17. 2314
18. 2341
19. 2431
20. 4231
21. 3214
22. 3241
23. 3421
24. 4321

Pascal – Zahlen (Kapitel 1.3)

Das Programm gestattet die rekursive wie die explizite Berechnung von Pascalzahlen
sowie die Ausgabe des unten abgebildeten Pascaldreiecks.

```
PACKET pascal DEFINES UEBER,             (* rekursiv             *)
                      PAS,               (* explizit; ZICK-ZACK *)
                      pascal dreieck:

INT OP UEBER (INT CONST oben, unten):
  IF unten < 0 OR oben < unten
     THEN errorstop ("Nicht definiert!")
  FI;
  IF oben = unten OR unten = 0
     THEN 1
     ELSE ((oben - 1) UEBER unten) + ((oben - 1) UEBER (unten - 1))
  FI
END OP UEBER;

INT OP PAS (INT CONST oben, unten):
  INT VAR ergebnis  :: 1,
          faktor    :: oben,
          unten min :: min (unten,oben - unten),   (* Symmetrie *)
          divisor   :: 1;
  IF unten min < 0
     THEN errorstop ("Nicht definiert!")
  FI;
  WHILE divisor <= unten min REP
    ergebnis := (ergebnis * faktor) DIV divisor;
    faktor  DECR 1;
    divisor INCR 1
  PER;
  ergebnis
END OP PAS;
```

```
PROC pascal dreieck:
  INT VAR oben, unten, faktor, pascalzahl;
  FILE VAR ausgabe :: sequential file (output,"pascal dreieck");
  TEXT VAR zeile;
  put ("Der Prozess ist bei Zeile:");
  FOR oben FROM 0 UPTO 12 REP
    erzeuge und schreibe zeile
  PER;
  edit (ausgabe).

erzeuge und schreibe zeile:
  schreibe blanks in die zeile;
  erzeuge erste pascalzahl der zeile;
  schreibe pascalzahl in die zeile;
  FOR unten FROM 1 UPTO oben REP
    erzeuge naechste pascalzahl;
    schreibe pascalzahl in die zeile
  PER;
  cout (oben);
  schreibe zeile in die ausgabedatei.

schreibe blanks in die zeile:
  zeile := (12-oben) * "    ".

erzeuge erste pascalzahl der zeile:
  faktor := oben;
  pascalzahl := 1.

erzeuge naechste pascalzahl:
  pascalzahl := pascalzahl * faktor;
  pascalzahl := pascalzahl DIV unten;
  faktor DECR 1.

schreibe pascalzahl in die zeile:
  zeile CAT text (pascalzahl,3);
  zeile CAT "    ".

schreibe zeile in die ausgabedatei:
  put (ausgabe,zeile); line (ausgabe)
END PROC pascal dreieck

END PACKET pascal
```

Die Prozedur **pascal dreieck** erzeugt die Figur:

```
            1    6   15   20   15    6    1
         1    7   21   35   35   21    7    1
       1    8   28   56   70   56   28    8    1
     1    9   36   84  126  126   84   36    9    1
   1   10   45  120  210  252  210  120   45   10    1
 1   11   55  165  330  462  462  330  165   55   11    1
1   12   66  220  495  792  924  792  495  220   66   12    1
```

Geld wechseln (Kapitel 2.2)

Das Programm listet für einen gegebenen Betrag sämtliche in einem Münzsystem
möglichen Wechsel auf.

```
PACKET wechseln DEFINES geld wechseln :

LET STAPEL  = STRUCT (INT muenzwert,anzahl muenzen),
    WECHSEL = ROW 10 STAPEL;

PROC geld wechseln :
  WECHSEL VAR wechsel;
  INT VAR betrag, restbetrag, anzahl der muenzwerte, nr, wert,
          pos, pos der groessten zum wechseln verfuegbaren muenze;
  gib das muenzsystem ein;
  ueberschrift in ausgabedatei;
  erzeuge alle wechsel;
  edit (ausgabe).

gib das muenzsystem ein:
  line; put ("Welcher Betrag soll gewechselt werden ?"); get( betrag );
  line; put ("Werte der Muenzen eingeben (0 beendet die Eingabe)."); line;
  anzahl der muenzwerte := 0;
  REP  put ("Wert :"); get (wert);
       IF wert <= 0
          THEN LEAVE gib das muenzsystem ein
       FI;
       sortiere neue muenze ein
  PER.

sortiere neue muenze ein:
  anzahl der muenzwerte INCR 1;
  pos := anzahl der muenzwerte;
  WHILE pos > 1 CAND wechsel [pos-1].muenzwert > wert REP
       wechsel [pos] := wechsel [pos - 1];
       pos DECR 1
  PER;
  IF pos > 1 CAND wechsel [pos-1].muenzwert = wert
     THEN errorstop ("Muenzwert doppelt")
  FI;
```

```
    wechsel [pos].muenzwert        := wert;
    wechsel [pos].anzahl muenzen := 0.

ueberschrift in ausgabedatei:
  FILE VAR ausgabe :: sequential file (output,"gewechselte betraege");
  IF   anzahl der muenzwerte = 0
       THEN errorstop ("Keine Muenzwerte eingegeben!")
  ELIF lines (ausgabe) > 1
       THEN put (ausgabe,70 * "*"); line (ausgabe)
  FI;
  put (ausgabe," Zu wechselnder Betrag :" + text (betrag,5)); line (ausgabe);
  put (ausgabe,"  Muenzwerte: ");
  FOR pos FROM anzahl der muenzwerte DOWNTO 1 REP
    put (ausgabe, text (wechsel [pos].muenzwert,3))
  PER; line (ausgabe);
  put (ausgabe, 70 * "-"); line (ausgabe);
  nr := 0.

erzeuge alle wechsel:
  pos der groessten zum wechseln verfuegbaren muenze := anzahl der muenzwerte;
  restbetrag := betrag;
  put ("Der Prozess ist bei Wechsel Nr. ");
  REP wechsele den restbetrag moeglichst gross;
      IF wechsel ist zulaessig
         THEN gib diesen wechsel aus
      FI;
      nimm die kleinsten muenzen des muenzsystems auf;
      IF alles ist mit kleinster muenze gewechselt bis auf evtl rest
         (* Reste koennen bleiben, wenn das Muenzsystem *)
         (* keine EINER enthaelt.                       *)
         THEN LEAVE erzeuge alle wechsel
      FI;
      nimm eine weitere moeglichst kleine muenze auf
  PER.

wechsele den restbetrag moeglichst gross:
  FOR pos FROM pos der groessten zum wechseln verfuegbaren muenze DOWNTO 1 REP
    wechsel [pos].anzahl muenzen := restbetrag DIV wechsel [pos].muenzwert;
    restbetrag                   := restbetrag MOD wechsel [pos].muenzwert
  PER.

wechsel ist zulaessig:
  restbetrag = 0.

gib diesen wechsel aus:
  nr INCR 1;
  cout (nr);
  put (ausgabe, text (nr,4) + ". Wechsel: ");
  FOR pos FROM anzahl der muenzwerte DOWNTO 1 REP
    put (ausgabe,text (wechsel [pos].anzahl muenzen,3))
  PER;
  line (ausgabe).
```

```
nimm die kleinsten muenzen des muenzsystems auf:
  restbetrag INCR wechsel [1].muenzwert * wechsel [1].anzahl muenzen;
  wechsel [1].anzahl muenzen := 0.

alles ist mit kleinster muenze gewechselt bis auf evtl rest:
  restbetrag = betrag.

nimm eine weitere moeglichst kleine muenze auf:
  bestimme stapel kleinsten muenzwertes mit mindestens einer muenze;
  entferne von diesem stapel eine muenze;
  merke die position der naechstkleineren muenze.

bestimme stapel kleinsten muenzwertes mit mindestens einer muenze:
  pos := 2;
  WHILE wechsel [pos].anzahl muenzen = 0 REP
    pos INCR 1
  PER.

entferne von diesem stapel eine muenze:
  wechsel [pos].anzahl muenzen DECR 1;
  restbetrag INCR wechsel [pos].muenzwert.

merke die position der naechstkleineren muenze:
  pos der groessten zum wechseln verfuegbaren muenze := pos - 1
END PROC geld wechseln

END PACKET wechseln
```

Die Prozedur **geld wechseln** liefert für den Betrag 50 (Pfennig) und das Münz–system 10, 5, 2 (Pfennige) folgendes Ergebnis:

```
Zu wechselnder Betrag :    50
   Muenzwerte:  10   5   2
- - - - - - - - - - - - - - - - - - - - - - - - - - - - - - - - - - - - - - -
   1. Wechsel:   5   0   0
   2. Wechsel:   4   2   0
   3. Wechsel:   4   0   5
   4. Wechsel:   3   4   0
   5. Wechsel:   3   2   5
   6. Wechsel:   3   0  10
   7. Wechsel:   2   6   0
   8. Wechsel:   2   4   5
   9. Wechsel:   2   2  10
  10. Wechsel:   2   0  15
  11. Wechsel:   1   8   0
  12. Wechsel:   1   6   5
  13. Wechsel:   1   4  10
  14. Wechsel:   1   2  15
  15. Wechsel:   1   0  20
  16. Wechsel:   0  10   0
```

17. Wechsel:	0	8	5
18. Wechsel:	0	6	10
19. Wechsel:	0	4	15
20. Wechsel:	0	2	20
21. Wechsel:	0	0	25

Optimieren in Netzen (Kapitel 3)

Die drei Programme zu Kapitel 3 benutzen für die Ein- und Ausgabe die in den Paketen "liste" und "netz" vereinbarten Prozeduren. Das erste Paket erlaubt, Texte (hier: die Punkte des Netzes) in eine Liste einzutragen, zu indizieren und wiederzufinden; das zweite gestattet das Einfügen der Kanten und das Festlegen von Anfangs- und Zielpunkt.

```
PACKET liste DEFINES loesche die liste,
                     element in die liste einfuegen,
                     position des elements,
                     element an der position,
                     anzahl der listenelemente:

LET LISTE = STRUCT ( TEXT elemente, INT anzahl );
LET trenner = "\";

LISTE VAR l;

PROC loesche die liste :
  l := LISTE : (trenner,0)
END PROC loesche die liste;

PROC element in die liste einfuegen (TEXT CONST el, INT VAR position):
  INT VAR trenner vorn, trenner pos :: l, i;
  trenner vorn := pos (l.elemente,trenner + el + trenner);
  IF trenner vorn = 0                      (* neues element *)
     THEN l.elemente CAT (el + trenner);
          l.anzahl INCR 1;
          position := l.anzahl
     ELSE position := position des elements (el)
  FI
END PROC element in die liste einfuegen;

INT PROC position des elements (TEXT CONST el):
  INT VAR trenner vorn, trenner pos :: l, i;
  trenner vorn := pos (l.elemente,trenner + el + trenner);
  IF trenner vorn = 0 (* element nicht in der liste *)
     THEN 0
     ELSE gesuchte position
  FI.
```

```
gesuchte position:
  TEXT CONST elementstring :: subtext (l.elemente,1,trenner vorn);
  i := O;
  REP
    trenner pos := pos (elementstring,trenner,trenner pos+1);
    i INCR 1
  UNTIL trenner pos = O PER;
  i
END PROC position des elements;

TEXT PROC element an der position (INT CONST nr):
  INT VAR trenner vorn :: O, trenner hinten :: 1, i;
  FOR i FROM 1 UPTO nr REP
    trenner vorn   := trenner hinten;
    trenner hinten := pos (l.elemente, trenner, trenner vorn + 1)
  UNTIL trenner hinten = O PER;
  subtext (l.elemente, trenner vorn + 1, trenner hinten - 1)
END PROC element an der position;

INT PROC anzahl der listenelemente:
  l.anzahl
END PROC anzahl der listenelemente

END PACKET liste;


PACKET netz DEFINES kante einfuegen,
                    anfangs und zielpunkt festlegen:

LET trenner = "\";

PROC kante einfuegen (TEXT CONST kanten,
                      INT  VAR index ende 1, index ende 2,
                      REAL VAR wert):

  (* Diese Prozedur erwartet die Eingabe einer Kante innerhalb    *)
  (* einer Zeile in der Form:                                     *)
  (* > 'Name von Endpunkt 1' \ 'Name von Endpunkt 2' : 'wert' <;  *)
  (* andernfalls erfolgt Abbruch. Sie liefert die Position beider *)
  (* Endpunkte in der Liste und den Kantenwert.                   *)

  bestimme den zeilentrenner;
  lies die kante ein.

bestimme den zeilentrenner:
  INT  VAR trennerpos, doppelpunktpos;
  trennerpos := pos (kanten, trenner);
  IF    trennerpos = 0
        THEN errorstop (kanten + " --> falsche Kantenbeschr. (\ fehlt)!")
  ELIF pos (kanten, trenner, trennerpos + 1 ) <> 0
        THEN errorstop (kanten + " --> falsche Kantenbeschr. (\ zuviel)!")
  FI;
```

```
      doppelpunktpos := pos (kanten, ":", trennerpos + 1);
      IF doppelpunktpos = 0
         THEN errorstop (kanten + " --> falsche Kantenbeschr. (: fehlt)!")
      FI.


   lies die kante ein:
      TEXT VAR ende 1, ende 2;
      ende 1 := compress (subtext (kanten, 1, trennerpos - 1));
      ende 2 := compress (subtext (kanten, trennerpos + 1, doppelpunktpos - 1));
      IF ende 1 = ende 2
         THEN errorstop (kanten + " --> Keine Schleifen erlaubt!")
      FI;
      wert := real (subtext (kanten, doppelpunktpos + 1));
      IF   NOT last conversion ok
            THEN errorstop (kanten + " --> Wertangabe fehlt!")
      ELIF wert < 0.0
            THEN errorstop (kanten + " --> Negative Wertangaben nicht erlaubt!")
      FI;
      element in die liste einfuegen (ende 1, index ende 1);
      element in die liste einfuegen (ende 2, index ende 2)
   END PROC kante einfuegen;


   PROC anfangs und zielpunkt festlegen (INT VAR index anfangspunkt,
                                          index zielpunkt    ):
      page;
      TEXT VAR ende 1 :: "", ende 2 :: "";
      REP put ("Name des Anfangspunktes :");
          editget (ende 1); ende 1 := compress (ende 1);
          line;
          index anfangspunkt := position des elements (ende 1);
          IF index anfangspunkt = 0
             THEN putline (" --> Der Anfangspunkt gehoert nicht zum Graphen!")
          FI
      UNTIL index anfangspunkt <> 0 PER;
      REP put ("Name des Zielpunktes    :");
          editget (ende 2); ende 2 := compress (ende 2);
          line;
          index zielpunkt := position des elements (ende 2);
          IF   index zielpunkt = 0
               THEN putline (" --> Der Zielpunkt gehoert nicht zum Graphen!")
          ELIF index zielpunkt = index anfangspunkt
               THEN putline (" --> Zielpunkt identisch mit Anfangspunkt!")
          FI
      UNTIL index zielpunkt <> 0 AND index zielpunkt <> index anfangspunkt PER
   END PROC anfangs und zielpunkt festlegen

   END PACKET netz
```

Kürzeste Wege (Kapitel 3.1)

Das Programm findet einen kürzesten Weg zwischen zwei Punkten eines Netzes und
dokumentiert die schrittweise Konstruktion dieses Weges.

```
PACKET dijkstra DEFINES kuerzester weg:

(*Das Programm setzt die Insertierung der Pakete "liste" und "netz" voraus.*)

LET KANTE = STRUCT (INT ende 1, ende 2, REAL laenge),
    PUNKT = STRUCT (INT vorgaenger,    REAL entfernung);

LET maximale kantenanzahl =    300,
    maximale punktanzahl  =    100;

ROW maximale punktanzahl  PUNKT VAR punkt;

PROC markiere (INT CONST punktindex, womit, REAL CONST entf):
  punkt [punktindex]:= PUNKT : (womit,entf)
END PROC markiere;

BOOL PROC ist markiert (INT CONST nr):
  punkt [nr].vorgaenger <> 0
END PROC ist markiert;

PROC kuerzester weg (TEXT CONST kantenname):

  ROW maximale kantenanzahl INT   VAR weg;
  ROW maximale kantenanzahl KANTE VAR kante;

  INT VAR   unmarkierter punkt, markierter punkt,
            kantenindex, punktindex;

  lies das netz ein;
  durchlaufe den markierungsprozess;
  bestimme den weg durch rueckverfolgen der marken;
  gib den weg aus.

lies das netz ein:
  line;
  putline ("Es werden die Kanten eingelesen.");
  loesche die liste;
  FILE VAR kantenfile :: sequentialfile (input,kantenname);
  INT VAR anzahl der kanten des netzes :: 0;
  TEXT VAR kantendaten;
  WHILE NOT eof (kantenfile) REP
    getline (kantenfile, kantendaten);
    kantendaten := compress (kantendaten);
```

```
      IF kantendaten <> ""
          THEN behandle kantendaten
      FI
    PER;
    INT VAR anzahl der punkte des netzes :: anzahl der listenelemente;
    IF anzahl der punkte des netzes = 0
        THEN errorstop (" --> Kein Graph in der Datei!")
    FI;
    INT VAR index anfangspunkt, index zielpunkt;
    anfangs und zielpunkt festlegen (index anfangspunkt, index zielpunkt).

behandle kantendaten :
    anzahl der kanten des netzes INCR 1;
    IF anzahl der kanten des netzes > maximale kantenanzahl
        THEN errorstop (" --> Der Graph enthaelt zu viele Kanten!")
    FI;
    INT VAR index ende 1, index ende 2;
    REAL VAR kantenlaenge;
    kante einfuegen (kantendaten, index ende 1, index ende 2, kantenlaenge);
    IF index ende 1 > maximale punktanzahl  COR
       index ende 2 > maximale punktanzahl
        THEN errorstop (" --> Der Graph enthaelt zu viele Punkte!")
    FI;
    kante [anzahl der kanten des netzes]
          := KANTE : (index ende 1, index ende 2, kantenlaenge);
    cout (anzahl der kanten des netzes).

durchlaufe den markierungsprozess:
    initialisiere die punkte;
    ueberschrift in ausgabedatei;
    page;
    INT VAR schritt :: 0;
    put ("Der Suchprozess ist bei Schritt:");
    WHILE zielpunkt noch  unmarkiert REP
          schritt INCR 1;cout (schritt);
          suche unter den schnittkanten die minimierende;
          markiere den  unmarkierten punkt;
          entferne die minimierende schnittkante;
    PER.

initialisiere die punkte:
    FOR punktindex FROM 1 UPTO anzahl der punkte des netzes REP
        markiere (punktindex,0,0.0)
    PER;
    markiere (index anfangspunkt, -1, 0.0).

ueberschrift in ausgabedatei:
    FILE VAR ausgabe::sequential file (output,kantenname + ".kuerzester weg");
    IF lines (ausgabe) > 1
        THEN put (ausgabe, 70 * "*"); line (ausgabe)
    FI;
    put (ausgabe,text ("Von " + anfangspunkt,23)); line (ausgabe);
```

```
  put (ausgabe,"nach                 "
            + "    ueber              "
            + "           sind es"); line (ausgabe);
  put (ausgabe,70 * "-"); line (ausgabe).

zielpunkt noch  unmarkiert:
  NOT ist markiert (index zielpunkt).

suche unter den schnittkanten die minimierende:
  REAL VAR laenge des kuerzesten weges := maxreal;
  INT VAR index minimierende kante :: 0;
  KANTE VAR aktuelle kante;
  FOR kantenindex FROM 1 UPTO anzahl der kanten des netzes REP
    aktuelle kante := kante [kantenindex];
    kanten untersuchen
  PER;
  IF index minimierende kante = 0
      THEN errorstop (" --> Der Zielpunkt ist nicht erreichbar!")
  FI;
  bestimme die endpunkte der minimierenden schnittkante.

kanten untersuchen:
  IF schnittkante
      THEN bestimme den markierten endpunkt;
           bestimme die laenge des vergleichsweges;
           merke evtl als kandidat
  FI.

schnittkante:
  ist markiert (aktuelle kante.ende 1) XOR
  ist markiert (aktuelle kante.ende 2).

bestimme den markierten endpunkt:
  IF ist markiert (aktuelle kante.ende 1)
      THEN markierter punkt := aktuelle kante.ende 1
      ELSE markierter punkt := aktuelle kante.ende 2
  FI.

bestimme die laenge des vergleichsweges:
  REAL VAR laenge des vergleichsweges
      ::    aktuelle kante.laenge + punkt [markierter punkt].entfernung.

merke evtl als kandidat:
  IF laenge des vergleichsweges < laenge des kuerzesten weges
      THEN index minimierende kante    := kantenindex;
           laenge des kuerzesten weges := laenge des vergleichsweges;
  FI.

bestimme die endpunkte der minimierenden schnittkante:
  aktuelle kante := kante [index minimierende kante];
  IF ist markiert (aktuelle kante.ende 1)
      THEN unmarkierter punkt := aktuelle kante.ende 2;
           markierter punkt   := aktuelle kante.ende 1
```

```
      ELSE unmarkierter punkt := aktuelle kante.ende 1;
           markierter punkt   := aktuelle kante.ende 2
   FI.


markiere den unmarkierten punkt:
   markiere (unmarkierter punkt,markierter punkt,laenge des kuerzesten weges);
   put (ausgabe,text (element an der position (unmarkierter punkt), 23));
   put (ausgabe,text (element an der position (  markierter punkt), 23));
   IF laenge des kuerzesten weges < 1.0e6
      THEN put (ausgabe,text (laenge des kuerzesten weges,10,3))
      ELSE put (ausgabe,subtext(text(laenge des kuerzesten weges,11),2))
   FI;
   line (ausgabe).


entferne die minimierende schnittkante:
   kante [index minimierende kante] := kante [anzahl der kanten des netzes];
   anzahl der kanten des netzes DECR 1.


bestimme den weg durch rueckverfolgen der marken:
   weg [1] := index zielpunkt;
   INT VAR punkte auf dem weg :: 1;
   WHILE noch nicht beim anfangspunkt angelangt REP
         punkte auf dem weg INCR 1;
         zurueckgehen
   PER;
   laenge des kuerzesten weges := punkt [index zielpunkt].entfernung.


noch nicht beim anfangspunkt angelangt:
   weg [punkte auf dem weg] <> index anfangspunkt.


zurueckgehen:
   weg [punkte auf dem weg] := punkt [weg [punkte auf dem weg-1]].vorgaenger.


gib den weg aus:
   put (ausgabe,70 * "-"); line (ausgabe);
   put (ausgabe, "Ein kuerzester Weg von " + anfangspunkt + " nach "
               + zielpunkt + " ist :"); line (ausgabe);
   FOR punktindex FROM punkte auf dem weg DOWNTO 1 REP
      put (ausgabe,element an der position (weg [punktindex])); line (ausgabe);
   PER;
   put (ausgabe,70 * "-"); line (ausgabe);
   put (ausgabe, "Er ist " + text (laenge des kuerzesten weges)
               + " Einheiten lang."); line (ausgabe);
   edit (ausgabe).


anfangspunkt:
   element an der position (index anfangspunkt).


zielpunkt:
   element an der position (index zielpunkt)
END PROC kuerzester weg;
```

```
PROC kuerzester weg:
  page;
  put ("Name der Eingabedatei zur Suche eines kuerzesten Weges :");
  TEXT VAR name;
  getline (name);
  edit (name);
  kuerzester weg (name)
END PROC kuerzester weg

END PACKET dijkstra
```

So könnte eine Eingabedatei aussehen (siehe Einführungsbeispiel Kapitel 3.1):

```
A  \  B  :  3.0
A  \  D  :  4.0
A  \  E  :  3.5
B  \  C  :  4.0
B  \  E  :  4.0
B  \  G  :  2.5
C  \  H  :  3.5
C  \  W  :  6.5
D  \  E  :  3.0
D  \  N  :  3.0
E  \  G  :  1.5
E  \  K  :  5.0
E  \  L  :  2.5
F  \  K  :  2.5
F  \  N  :  3.5
F  \  O  :  3.0
F  \  R  :  4.5
G  \  H  :  4.5
G  \  M  :  2.0
H  \  I  :  5.0
H  \  M  :  6.5
I  \  J  :  2.0
I  \  P  :  4.0
I  \  W  :  2.5
J  \  P  :  3.5
J  \  W  :  3.5
K  \  L  :  2.0
K  \  N  :  4.0
L  \  M  :  1.0
L  \  O  :  6.0
M  \  O  :  2.0
O  \  P  :  8.0
O  \  Q  :  1.5
```

```
P  \  S  :  4.0
Q  \  R  :  3.0
Q  \  S  :  1.5
R  \  S  :  2.0
```

Die Prozedur **kuerzester weg** liefert als kürzesten Weg von W nach F das Ergebnis:

Von W

nach	ueber	sind es
I	W	2.500
J	W	3.500
C	W	6.500
P	I	6.500
H	I	7.500
B	C	10.500
S	P	10.500
G	H	12.000
Q	S	12.000
R	S	12.500
A	B	13.500
E	G	13.500
O	Q	13.500
M	G	14.000
L	M	15.000
D	E	16.500
F	O	16.500

Ein kuerzester Weg von W nach F ist :

W
I
P
S
Q
O
F

Er ist 16.5 Einheiten lang.

Minimale Gerüste (Kapitel 3.2)

Das Programm findet für ein Netz ein minimales Gerüst.

```
PACKET prim DEFINES minimales geruest:

(*Das Programm setzt die Insertierung der Pakete "liste" und "netz"voraus.*)

LET KANTE = STRUCT (INT ende 1, ende 2, BOOL gefaerbt, REAL laenge),
    PUNKT = BOOL;

LET  maximale kantenanzahl = 300,
     maximale punktanzahl  = 100;

PROC minimales geruest (TEXT CONST kantenname):

  ROW  maximale kantenanzahl KANTE VAR kante;
  ROW  maximale punktanzahl  PUNKT VAR punkt;

  INT VAR kantenindex, punktindex;

  lies das netz ein;
  durchlaufe den faerbeprozess;
  gib die gefaerbten kanten aus.

lies das netz ein:
  line;
  putline ("Es werden die Kanten eingelesen.");
  loesche die liste;
  FILE VAR kantenfile :: sequential file (input, kantenname);
  INT VAR anzahl der kanten des netzes := 0;
  TEXT VAR kantendaten;
  WHILE NOT eof (kantenfile) REP
    getline (kantenfile, kantendaten);
    kantendaten := compress (kantendaten);
    IF kantendaten <> ""
       THEN behandle kantendaten
    FI
  PER;
  INT VAR anzahl der punkte des netzes := anzahl der listenelemente;
  IF anzahl der punkte des netzes = 0
     THEN errorstop (" --> Kein Graph in der Datei!")
  FI.

behandle kantendaten :
  anzahl der kanten des netzes INCR 1;
  IF anzahl der kanten des netzes >  maximale kantenanzahl
     THEN errorstop (" --> Der Graph enthaelt zu viele Kanten!")
  FI;
  INT VAR index ende 1, index ende 2;
  REAL VAR kantenlaenge;
```

```
    kante einfuegen (kantendaten, index ende 1, index ende 2, kantenlaenge);
    IF index ende 1 >  maximale punktanzahl   COR
       index ende 2 >  maximale punktanzahl
       THEN errorstop (" --> Der Graph enthaelt zu viele Punkte!")
    FI;
    kante [anzahl der kanten des netzes]
          := KANTE : (index ende 1, index ende 2 ,FALSE, kantenlaenge);
    cout (anzahl der kanten des netzes).


durchlaufe den faerbeprozess:
  page;
  INT VAR schritt :: 0;
  put ("Der Faerbeprozess ist bei Schritt:");
  INT VAR anzahl der gefaerbten kanten :: 0;
  faerbe einen punkt und lasse alle uebrigen ungefaerbt;
  WHILE es gibt noch schnittkanten REP
     schritt INCR 1; cout (schritt);
     bestimme die schnittkanten und waehle eine minimale;
     faerbe diese kante und ihren ungefaerbten endpunkt;
     anzahl der gefaerbten kanten INCR 1
  PER.


faerbe einen punkt und lasse alle uebrigen ungefaerbt:
  punkt [1] := TRUE;
  FOR punktindex FROM 2 UPTO anzahl der punkte des netzes REP
     punkt [punktindex] := FALSE
  PER.


es gibt noch schnittkanten:
  anzahl der gefaerbten kanten < anzahl der punkte des netzes - 1.


bestimme die schnittkanten und waehle eine minimale:
  INT VAR index der minimalen kante :: 0;
  REAL VAR laenge der minimalen kante := maxreal;
  KANTE VAR aktuelle kante;
  FOR kantenindex FROM 1 UPTO anzahl der kanten des netzes REP
     aktuelle kante := kante [kantenindex];
     IF schnittkante
        THEN merke evtl
     FI
  PER;
  IF index der minimalen kante = 0
     THEN errorstop (" --> Der Graph ist nicht zusammenhaengend!")
  FI.


schnittkante:
  punkt [aktuelle kante.ende 1] XOR punkt [aktuelle kante.ende 2].


merke evtl:
  IF aktuelle kante.laenge < laenge der minimalen kante
```

```
      THEN index der minimalen kante   := kantenindex;
           laenge der minimalen kante := aktuelle kante.laenge
  FI.

faerbe diese kante und ihren ungefaerbten endpunkt:
  bestimme den ungefaerbten endpunkt der minimalen schnittkante;
  punkt [ungefaerbter endpunkt] := TRUE;
  kante [index der minimalen kante].gefaerbt := TRUE.

bestimme den ungefaerbten endpunkt der minimalen schnittkante:
  INT VAR ungefaerbter endpunkt;
  aktuelle kante := kante [index der minimalen kante];
  IF punkt [aktuelle kante.ende 1]
     THEN ungefaerbter endpunkt := aktuelle kante.ende 2
     ELSE ungefaerbter endpunkt := aktuelle kante.ende 1
  FI.

gib die gefaerbten kanten aus:
  REAL VAR gesamtlaenge :: 0.0;
  FILE VAR ausgabe:=sequentialfile (output,kantenname+".minimales geruest");
  IF lines (ausgabe) > 1
     THEN put (ausgabe, 70 * "*"); line (ausgabe)
  FI;
  put (ausgabe, "Folgende Kanten bilden ein minimales Geruest :"); line (ausgabe);
  put (ausgabe, 70 * "-"); line (ausgabe);
  FOR kantenindex FROM 1 UPTO anzahl der kanten des netzes REP
    aktuelle kante := kante [kantenindex];
    IF aktuelle kante.gefaerbt
       THEN put (ausgabe,text (ende 1,23));
            put (ausgabe,text (ende 2,23));
            IF aktuelle kante.laenge < 1.0e6
               THEN put (ausgabe,text (aktuelle kante.laenge,10,3))
               ELSE put (ausgabe,subtext (text (aktuelle kante.laenge,11),2))
            FI; line (ausgabe);
            gesamtlaenge INCR aktuelle kante.laenge
    FI
  PER;
  put (ausgabe, 70 * "-"); line (ausgabe);
  put (ausgabe, "Die Gesamtlaenge des minimalen Geruestes betraegt "
                  + text (gesamtlaenge) + " Einheiten"); line (ausgabe);
  edit (ausgabe).

ende 1:
  element an der position (aktuelle kante.ende 1).

ende 2:
  element an der position (aktuelle kante.ende 2)
END PROC minimales geruest;

PROC minimales geruest:
  page;
  put ("Name der Eingabedatei zur Suche eines minimalen Geruestes :");
```

```
     TEXT VAR name;
     getline (name);
     edit (name);
     minimales geruest (name)
END PROC minimales geruest

END PACKET prim
```

Mit gleicher Eingabedatei wie bei den kürzesten Wegen liefert die Prozedur **minimales geruest** das Ergebnis:

Folgende Kanten bilden ein minimales Geruest :

- -

A	B	3.000
B	C	4.000
B	G	2.500
C	H	3.500
D	E	3.000
D	N	3.000
E	G	1.500
F	K	2.500
G	M	2.000
I	J	2.000
I	W	2.500
J	P	3.500
K	L	2.000
L	M	1.000
M	O	2.000
O	Q	1.500
P	S	4.000
Q	S	1.500
R	S	2.000

- -

Die Gesamtlaenge des minimalen Geruestes betraegt 47. Einheiten

Maximale Flüsse (Kapitel 3.3)

Das Programm findet für ein Netz einen maximalen Fluss.

```
PACKET ford fulkerson DEFINES maximaler fluss :

(*Das Programm setzt die Insertierung der Pakete "liste" und "netz"voraus.*)

LET KANTE = STRUCT (INT anfang, ende, REAL kapazitaet, fluss),
    PUNKT = STRUCT (INT kante, generation);
```

```
PUNKT CONST nicht markierter punkt :: PUNKT : (0,0);

LET maximale kantenanzahl = 300,
    maximale punktanzahl  = 100;

ROW maximale kantenanzahl KANTE VAR kante;
ROW maximale punktanzahl  PUNKT VAR punkt;

PROC maximaler fluss (TEXT CONST kantenname) :

  INT VAR kantenindex, punktindex;

  lies das netz ein;
  durchlaufe den vergroesserungsprozess;
  gib das netz mit dem maximalen fluss aus.

lies das netz ein:
  line;
  putline ("Es werden die Kanten eingelesen.");
  loesche die liste;
  FILE VAR kantenfile :: sequentialfile (input, kantenname);
  INT VAR anzahl der kanten des netzes := 0;
  TEXT VAR kantendaten;
  WHILE NOT eof (kantenfile) REP
    getline (kantenfile, kantendaten);
    kantendaten := compress (kantendaten);
    IF kantendaten <> ""
        THEN behandle kantendaten
    FI
  PER;
  INT VAR anzahl der punkte des netzes := anzahl der listenelemente;
  IF anzahl der punkte des netzes = 0
      THEN errorstop(" --> Kein Graph in der Datei!")
  FI;
  INT VAR index anfangspunkt, index zielpunkt;
  anfangs und zielpunkt festlegen (index anfangspunkt, index zielpunkt);
  kontrolliere ob eine kante aus dem zielpunkt herausfuehrt;
  kontrolliere ob eine kante in den anfangspunkt hineinfuehrt.

behandle kantendaten:
  anzahl der kanten des netzes INCR 1;
  IF anzahl der kanten des netzes > maximale kantenanzahl
      THEN errorstop (" --> Der Graph enthaelt zu viele Kanten!")
  FI;
  INT VAR index anfang, index ende;
  REAL VAR kapazitaet;
  kante einfuegen (kantendaten, index anfang, index ende, kapazitaet);
  IF index anfang > maximale punktanzahl  COR
     index ende   > maximale punktanzahl
      THEN errorstop (" --> Der Graph enthaelt zu viele Punkte!")
  FI;
```

```
    kontrolliere ob es parallele kanten gibt;
    kante [anzahl der kanten des netzes]
          := KANTE : (index anfang, index ende, kapazitaet, 0.0);
    cout (anzahl der kanten des netzes).


  kontrolliere ob es parallele kanten gibt:
    FOR kantenindex FROM 1 UPTO anzahl der kanten des netzes - 1 REP
       IF        kante [kantenindex].anfang  = index anfang
          CAND   kante [kantenindex].ende    = index ende
          THEN errorstop (kantendaten + " --> Parallele Kanten verboten!")
       FI
    PER.


  kontrolliere ob eine kante aus dem zielpunkt herausfuehrt:
    FOR kantenindex FROM 1 UPTO anzahl der kanten des netzes REP
       IF kante [kantenindex].anfang = index zielpunkt
          THEN errorstop (" --> Es fuehrt eine Kante aus dem Zielpunkt heraus!")
       FI
    PER.


  kontrolliere ob eine kante in den anfangspunkt hineinfuehrt:
    FOR kantenindex FROM 1 UPTO anzahl der kanten des netzes REP
       IF kante [kantenindex].ende = index anfangspunkt
          THEN errorstop (" --> Es fuehrt eine Kante in den Anfangspunkt hinein!")
       FI
    PER.


durchlaufe den vergroesserungsprozess:
  page;
  putline ("Der Markierungsprozess ist im Durchlauf / Generation :");
  INT VAR durchlauf :: 0;
  REP kontrollausgabe;
      loesche alle marken;
      suche einen flussvergroessernden weg;
      stelle weg und engpass fest;
      veraendere den fluss entlang des weges
  PER.


loesche alle marken :
  FOR punktindex FROM 1 UPTO anzahl der punkte des netzes REP
      punkt [punktindex] := nicht markierter punkt
  PER.


suche einen flussvergroessernden weg:
  INT VAR generation := 1;
  BOOL VAR es wurde nicht markiert;
  punkt [index anfangspunkt].generation := generation;
  REP es wurde nicht markiert := TRUE;
      markiere alle von punkten dieser generation markierbaren punkte;
      IF es wurde nicht markiert
          THEN LEAVE durchlaufe den vergroesserungsprozess
```

```
        ELSE generation INCR 1; cout (generation)
    FI
PER.
```

markiere alle von punkten dieser generation markierbaren punkte:
```
  KANTE VAR aktuelle kante;
  INT VAR gen kantenanfang, gen kantenende;
  FOR kantenindex FROM 1 UPTO anzahl der kanten des netzes REP
    aktuelle kante := kante [kantenindex];
    gen kantenanfang := punkt [aktuelle kante.anfang].generation;
    gen kantenende   := punkt [aktuelle kante.ende ].generation;
    IF   gen kantenanfang = generation CAND gen kantenende   = 0
         THEN markiere vorwaerts
    ELIF gen kantenende   = generation CAND gen kantenanfang = 0
         THEN markiere rueckwaerts
    FI
  PER.
```

markiere vorwaerts:
```
  IF kante nicht gesaettigt
     THEN punkt [aktuelle kante.ende]:=PUNKT:(kantenindex,generation+1);
          es wurde nicht markiert := FALSE;
          IF aktuelle kante.ende = index zielpunkt  (* Zielpunkt markiert *)
              THEN LEAVE suche einen flussvergroessernden weg
          FI
  FI.
```

markiere rueckwaerts:
```
  IF fluss vorhanden
     THEN punkt [aktuelle kante.anfang]:=PUNKT:(- kantenindex,generation+1);
          es wurde nicht markiert := FALSE
  FI.
```

kante nicht gesaettigt :
```
  aktuelle kante.fluss < aktuelle kante.kapazitaet.
```

fluss vorhanden :
```
  aktuelle kante.fluss > 0.0.
```

kontrollausgabe :
```
  durchlauf INCR 1; put (""""13""""5""""); put (durchlauf); put (" /").
```

stelle weg und engpass fest :
```
  REAL VAR engpass := maxreal;
  punktindex := index zielpunkt;
  REP
    kantenindex := punkt [punktindex].kante;
    IF kantenindex > 0   (* Vorwaertskante *)
       THEN aktuelle kante := kante [kantenindex];
            punktindex      := aktuelle kante.anfang;
            engpass         := min (engpass,freie kapazitaet der aktuellen kante)
```

```
      ELSE aktuelle kante := kante [- kantenindex];
            punktindex   := aktuelle kante.ende;
            engpass      := min (engpass, aktuelle kante.fluss)
    FI
  UNTIL punktindex = index anfangspunkt PER.


freie kapazitaet der aktuellen kante:
  aktuelle kante.kapazitaet - aktuelle kante.fluss.


veraendere den fluss entlang des weges :
  punktindex := index zielpunkt;
  REP kantenindex := punkt [punktindex].kante;
    IF kantenindex > 0   (* Vorwaertskante *)
        THEN punktindex := kante [kantenindex].anfang;
             kante [kantenindex].fluss INCR engpass
        ELSE punktindex := kante [- kantenindex].ende;
             kante [- kantenindex].fluss DECR engpass
    FI
  UNTIL punktindex = index anfangspunkt PER.


gib das netz mit dem maximalen fluss aus :
  FILE VAR ausgabe := sequential file (output,kantenname+".maximaler fluss");
  IF lines (ausgabe) > 1
     THEN put (ausgabe, 70 * "*"); line (ausgabe)
  FI;
  put (ausgabe, "Von                    " + "nach                 "
             + " Kapazitaet      Fluss"); line (ausgabe);
  put (ausgabe,70 * "-"); line (ausgabe);
  FOR kantenindex FROM 1 UPTO anzahl der kanten des netzes REP
    aktuelle  kante := kante [kantenindex];
    put (ausgabe, text (anfang, 23));
    put (ausgabe, text (ende  , 23));
    IF aktuelle kante.kapazitaet < 1.0e6
        THEN put (ausgabe, text (aktuelle kante.kapazitaet,10,3))
        ELSE put (ausgabe, subtext (text (aktuelle kante.kapazitaet,11),2))
    FI;
    IF aktuelle kante.fluss < 1.0e6
        THEN put (ausgabe, text (aktuelle kante.fluss,10,3))
        ELSE put (ausgabe, subtext (text(aktuelle kante.fluss,11),2))
    FI;
    line (ausgabe)
  PER;
  gib den gesamtfluss aus;
  edit (ausgabe).


anfang:
  element an der position (aktuelle kante.anfang).


ende:
  element an der position (aktuelle kante.ende).
```

```
gib den gesamtfluss aus :
  REAL VAR gesamtfluss := 0.0;
  FOR kantenindex FROM 1 UPTO anzahl der kanten des netzes REP
    aktuelle kante := kante [kantenindex];
    IF aktuelle kante.anfang = index anfangspunkt
       THEN gesamtfluss INCR aktuelle kante.fluss
    FI
  PER;
  put (ausgabe, 70 * ”-”);
  line (ausgabe);
  put (ausgabe,   ”Der maximale Fluss von ”
                + element an der position (index anfangspunkt)
                + ” nach ”
                + element an der position (index zielpunkt)
                + ” betraegt ” + text (gesamtfluss)
                + ” Einheiten.”)
END PROC maximaler fluss;

PROC maximaler fluss :
  page;
  put (”Name der Eingabedatei zur Suche eines maximalen Flusses : ”);
  TEXT VAR name;
  getline (name);
  edit (name);
  maximaler fluss (name)
END PROC maximaler fluss

END PACKET ford fulkerson
```

So könnte eine Eingabedatei aussehen (siehe Einführungsbeispiel Kapitel 3.3)

```
A \ B : 40
A \ C : 70
A \ D : 30
B \ C : 15
B \ E : 50
C \ B : 15
C \ D : 20
C \ E : 20
C \ F : 30
D \ F : 24
D \ G : 40
E \ F : 22
E \ Z : 36
F \ G : 12
F \ Z : 48
G \ F : 18
G \ Z : 60
```

Die Prozedur **maximalfluss** liefert das Ergebnis:

Von	nach	Kapazitaet	Fluss
A	B	40.000	40.000
A	C	70.000	66.000
A	D	30.000	30.000
B	C	15.000	0.000
B	E	50.000	40.000
C	B	15.000	0.000
C	D	20.000	20.000
C	E	20.000	16.000
C	F	30.000	30.000
D	F	24.000	10.000
D	G	40.000	40.000
E	F	22.000	20.000
E	Z	36.000	36.000
F	G	12.000	12.000
F	Z	48.000	48.000
G	F	18.000	0.000
G	Z	60.000	52.000

Der maximale Fluss von A nach Z betraegt 136. Einheiten.

Literatur

Anderson, I.: A First Course in Combinatorial Mathematics. Oxford 1974.

Bellman, R., Cooke, K.L., Lockett, J.A.: Algorithms, Graphs and Computers. New York 1970.

Berge, C.: Principles of Combinatorics. New York 1971.

Cohen, C.: Basic Techniques of Combinatorial Theory. New York 1978.

Even, S.: Algorithmic Combinatorics. New York 1973.

Ford, L., Fulkerson, D.: Flows in Networks. Princeton, N.J. 1964.

Liu, C.L.: Introduction to Combinatorial Mathematics. New York 1968.

Lovász, L., Vesztergombi, K.L., Pelikán, J.: Kombinatorik. Leipzig 1977.

Network Flows. The Open University. Milton Keynes 1980.

Reingold, E.M., Nievergelt, J., Deo, N.: Combinatorial Algorithms. Theory and Practice. Englewood Cliffs, N.J. 1977

Selections and Distributions. The Open University. Milton Keynes 1980.

Shier, D.R.: Testing for Homogeneity Using Minimum Spanning Trees. In: The UMAP Journal *3* (1982), 3, S. 273 – 283.

Stowasser, R., Mohry, B.: Rekursive Verfahren. Hannover 1978.

Tucker, A.: Applied Combinatorics. New York 1980.

Stichwortverzeichnis

MikroComputer–Praxis Fortsetzung

Löthe/Quehl: **Systematisches Arbeiten mit BASIC**
2. Aufl. 188 Seiten. DM 21,80

Lorbeer/Werner: **Wie funktionieren Roboter**
In Vorbereitung

Mehl/Stolz: **Erste Anwendungen mit dem IBM Personal Computer**
In Vorbereitung

Menzel: **BASIC in 100 Beispielen**
4. Aufl. 244 Seiten. DM 24,80

Menzel: **Dateiverarbeitung mit BASIC**
237 Seiten. DM 28,80

Menzel: **LOGO in 100 Beispielen**
234 Seiten. DM 23,80

Mittelbach: **Simulationen in BASIC**
182 Seiten. DM 23,80

Nievergelt/Ventura: **Die Gestaltung interaktiver Programme**
124 Seiten. DM 23,80

Ottmann/Schrapp/Widmayer: **PASCAL in 100 Beispielen**
258 Seiten. DM 24,80

Otto: **Analysis mit dem Computer**
239 Seiten. DM 23,80

v. Puttkamer/Rissberger: **Informatik für technische Berufe**
Ein Lehr- und Arbeitsbuch zur programmierbaren Mikroelektronik
284 Seiten. DM 23,80

Weber/Wehrheim: **PASCAL-Programme im Physikunterricht**
In Vorbereitung

MikroComputer–Praxis
DISKETTEN

Die nachstehenden Disketten (5¹/₄ Zoll) enthalten die Programme der gleichnamigen zugehörigen Bücher, wobei Verbesserungen oder vergleichbare Änderungen vorbehalten sind.

Duenbostl/Oudin/Baschy: **BASIC-Physikprogramme 2**
Diskette für Apple II
Empf. Preis DM 52,—
Diskette für C 64 / VC 1541, CBM-Floppy 2031, 4040; SIMON'S BASIC
Empf. Preis DM 52,—

Erbs: **33 Spiele mit PASCAL**
. . . und wie man sie (auch in BASIC) programmiert
Diskette für Apple II; UCSD-PASCAL   Empf. Preis DM 46,—

Grabowski: **Computer-Grafik mit dem Mikrocomputer**
Diskette für C 64 / VC 1541, CBM-Floppy 2031, 4040
Empf. Preis DM 48,—
Diskette für CBM 8032, CBM-Floppy 8050, 8250; Commodore-Grafik
Empf. Preis DM 48,—